中央财政"支持高等职业学校提升专业服务产业发展能力"项目建设成果

C#程序设计——理实一体化教学课程

主　编　唐　权　梁　琰

副主编　韩文智　骆文亮

参　编　许　俊　朱　倩　陈　印

　　　　马红春　陈　倬

U0288091

西南交通大学出版社
·成　都·

图书在版编目（CIP）数据

C#程序设计：理实一体化教学课程 / 唐权，梁琰
主编. —成都：西南交通大学出版社，2014.3
　ISBN 978-7-5643-2913-6

　Ⅰ. ①C… Ⅱ. ①唐… ②梁… Ⅲ. ①C语言－程序设
计－教材 Ⅳ. ①TP312

中国版本图书馆 CIP 数据核字（2014）第 027323 号

C#程序设计——理实一体化教学课程

主编　唐权　梁琰

责 任 编 辑	李芳芳
助 理 编 辑	宋彦博
封 面 设 计	墨创文化
出 版 发 行	西南交通大学出版社 （四川省成都市金牛区交大路 146 号）
发 行 部 电 话	028-87600564　028-87600533
邮 政 编 码	610031
网　　　址	http://press.swjtu.edu.cn
印　　　刷	四川五洲彩印有限责任公司
成 品 尺 寸	185 mm × 260 mm
印　　　张	10
字　　　数	250 千字
版　　　次	2014 年 3 月第 1 版
印　　　次	2014 年 3 月第 1 次
书　　　号	ISBN 978-7-5643-2913-6
定　　　价	24.00 元

前　言

C#是目前广泛使用的一种编程语言，可用于开发 Windows 应用程序、Web 应用程序和移动应用程序。在高校中，"C#程序设计"是计算机专业的一门专业基础课，其目标主要是培养学生分析问题、解决问题和实际动手操作的能力。本书打破传统的理论教学模式，采用理论和实践相结合的方式，从 C# 语言的基础讲起，重点讲解了结构化程序设计、面向对象基础、可视化编程、数据库处理技术和文件流等内容，并对每一部分的细节进行了详细的说明。

通过对本书的学习，学生可以掌握面向对象程序设计和可视化程序设计的基本方法。书中提供了大量的 C# 应用程序实例，并对每个实例的操作步骤进行了详细的阐述。学生可以按照所述步骤，自己动手完成每一个实例，从而加强对实际动手能力的培养。

本书由四川职业技术学院唐权、梁琰担任主编，由韩文智、骆文亮担任副主编。具体的编写分工为：第 1 章由许俊编写，第 2 章由韩文智、朱倩编写，第 3 章由骆文亮编写，第 4 章由陈倬编写，第 5 章由梁琰编写，第 6 章由陈印、马红春编写，第 7 章由唐权编写。

在本书的编写过程中，我们参考了大量文献资料，在此向相关文献作者表示衷心感谢！由于编者水平有限，加之编写时间比较仓促，书中难免有疏漏和不足之处，恳请同行专家及读者提出宝贵意见和建议。

编　者

2013 年 11 月

目　录

第 1 章　C#概述

【学习目标】

☞ 了解.NET Framework 的工作原理；
☞ 认识 Visual C#开发环境；
☞ 利用 C#建立 Windows 应用。

【知识要点】

📖 .NET Framework 的工作原理；
📖 Visual Studio 2008 的安装；
📖 Visual Studio 2008 C#的集成环境；
📖 控制台应用程序；
📖 Windows 窗体应用程序。

1.1　当前流行的面向对象开发语言概述

Java、C#、C++、PHP 是目前主流的面向对象编程语言。

1. Java 语言

Java 是面向对象、安全、跨平台的程序设计语言与环境，由 Sun 公司开发，是免费的、开源的，近些年来非常流行且稳定，未来生命周期较长。其语言风格较接近 C++与 C#，而最为人熟知的便是跨平台性。Java 的跨平台性已得到了广泛的认可，在计算机的各种平台、操作系统，以及手机、移动设备、智能卡、消费家电领域得到了广泛的应用。

2. C++语言

C++语言是当前应用最广泛的成熟、强大、复杂的程序设计语言。目前广泛使用的 Windows 或 Linux 操作系统的大部分内容均出自 C++程序员之手。C++非常强大，其代码经过编译后将成为计算机的二进制代码的可执行程序，所以在兼容性、性能上均十分优秀。

3. C#语言

微软的 C#语言就像是 C++、Java、Delphi 与 Visual Basic 的结合体，是新兴、易学、强大的程序设计语言。它更像 Java，完全面向对象，开发与运行都在.NET Framework 环境中。

4. PHP 语言

PHP 语言是大多数门户网站、博客、论坛中采用的网页内部程序与数据处理的动态网页技术。PHP 是目前最流行、强大、稳健的动态网页开发脚本语言。

1.2 C#的基础框架——.NET Framework

1.2.1 .NET Framework 3.5 概述

.NET Framework 是一种技术,该技术支持生成和运行下一代应用程序和 XML Web Services。

1. .NET Framework 版本

.NET Framework 3.5 版是在 2.0 版和 3.0 版及其 Service Pack 的基础上构建的。.NET Framework 3.5 Service Pack 1 更新了 3.5 版程序集,并包含 2.0 版和 3.0 版的新 Service Pack。.NET Framework 的每个版本都可独立于更高版本进行安装,每个版本将自动安装早期版本(如果尚未安装这些早期版本)。此外,.NET Framework 3.5 SP1 还引入了客户端配置文件安装包,它只包含客户端应用程序所使用的程序集。应用程序无论面向的是 .NET Framework 2.0 版、3.0 版、3.5 版,还是客户端配置文件,该应用程序都将使用相同的程序集,并且与用户计算机上是否已更新这些程序集无关。.NET Framework 3.5 版为 2.0 版和 3.0 版中的技术引入了新功能,并以新程序集的形式引入了其他技术,如语言集成查询(LINQ),C#、Visual Basic 及 C++的新编译器,ASP.NET AJAX。.NET Framework 包括公共语言运行时和.NET Framework 类库。

2. .NET Framework 的实现目标

➤ 提供一个一致的面向对象的编程环境,而无论对象代码是在本地存储和执行,还是在本地执行但在 Internet 上分布,或者是在远程执行。

➤ 提供一个将软件部署和版本控制冲突最小化的代码执行环境。

➤ 提供一个可提高代码执行安全性的代码执行环境。

➤ 提供一个可消除脚本环境或解释环境的性能问题的代码执行环境。

➤ 使开发人员的经验在面对类型大不相同的应用程序(如基于 Windows 的应用程序和基于 Web 的应用程序)时保持一致。

➤ 按照工业标准生成所有通信,以确保基于.NET Framework 的代码可与任何其他代码集成。

公共语言运行时和类库与应用程序之间以及与整个系统之间的关系如图 1.1 所示。

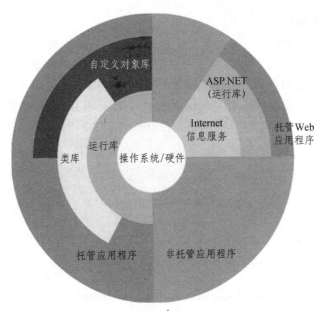

图 1.1 .NET Framework 框架图

1.2.2 .NET Framework 类库

.NET Framework 类库是一个与公共语言运行时紧密集成的可重用的类型集合。.NET Framework 类型使程序能够完成一系列常见编程任务，如字符串管理、数据收集、数据库连接以及文件访问等任务。除这些常规任务之外，类库还包括支持多种专用开发方案的类型。例如，可使用.NET Framework 开发控制台应用程序、Windows GUI 应用程序（Windows 窗体）、ASP.NET 应用程序、Windows 服务等。

1.2.3 公共语言运行时

公共语言运行时管理内存、线程执行、代码执行、代码安全验证、编译以及其他系统服务。其作用如下：

（1）运行时强制实施代码访问安全。

用户可以使用嵌在网页中的可执行文件，能够在屏幕上播放动画或唱歌，但不能访问他们的个人数据、文件系统或网络。这样，运行时的安全性功能就使通过 Internet 部署的合法软件能够具有特别丰富的功能，通过实现称为常规类型系统（CTS）的严格类型验证和代码验证基础结构来加强代码可靠性。

（2）运行时的托管环境消除了许多常见的软件问题。

运行时自动处理对象布局并管理对对象的引用，在不再使用它们时将其释放。这种自动内存管理解决了两个最常见的应用程序错误：内存泄漏和无效内存引用。

（3）运行时提高了开发人员的工作效率。

程序员可以用他们选择的开发语言编写应用程序，还能充分利用其他开发人员用其他语言编写的运行时、类库和组件。

（4）运行时旨在增强性能。

尽管公共语言运行时提供许多标准运行时服务，但是它从不解释托管代码。一种称为实时（JIT）编译的功能使所有托管代码能够以它在其上执行的系统的本机语言运行。同时，内存管理器排除了出现零碎内存的可能性，并增大了内存引用区域以进一步提高性能。运行时可由高性能的服务器端应用程序［如 Microsoft SQL Server 和 Internet 信息服务（IIS）］承载，在享受支持运行时承载的行业最佳企业服务器的优越性能的同时，能够使用托管代码编写业务逻辑。

1.3　C#简介

1.3.1　C#语言特点

C#是微软公司发布的一种新的编程语言，读作"C sharp"。它是一种安全的、稳定的、简单的、优雅的、由 C 和 C++衍生出来的、面向对象的编程语言，是专门为.NET 的应用而开发的语言。C#继承了 C 语言的语法风格，同时又继承了 C++面向对象的特性。不同的是，C#的对象模型已经面向 Internet 进行了重新设计，使用的是.NET 框架的类库；C#不再提供对指针类型的支持，使得程序不能随便访问内存地址空间，从而更加健壮；C#不再支持多重继承，避免了以往类层次结构中由多重继承带来的可怕后果。.NET 框架为 C#提供了一个强大的、易用的、逻辑结构一致的程序设计环境。并且，C#成为 ECMA 与 ISO 标准规范。

C#的特点有：

（1）语法简洁。C#不允许直接操作内存，去掉了指针操作。

（2）彻底的面向对象设计。C#具有面向对象语言所应有的一切特性——封装、继承和多态。

（3）与 Web 紧密结合。C#支持绝大多数 Web 标准，如 HTML、XML、SOAP 等。

（4）强大的安全机制。C#可以消除软件开发中的常见错误（如语法错误）。.NET 提供的垃圾回收器能够帮助开发者有效地管理内存资源。

（5）兼容性强。C#遵循.NET 的公共语言规范（CLS），从而保证其能够与其他语言开发的组件兼容。

（6）灵活的版本处理技术。C#本身内置了版本控制功能，从而使得开发人员可以更容易地开发和维护。

（7）完善的错误和异常处理机制。C#提供了完善的错误和异常处理机制，使程序在交付应用时能够更加健壮。

1.3.2　命名空间

命名空间在概念上与计算机文件系统中的文件夹有些类似。与文件夹一样，命名空间可使类具有唯一的完全限定名称，可以避免命名冲突。一个 C#程序包含一个或多个命名空间，每个命名空间可由程序员定义，也可作为之前编写的类库的一部分定义。

例如，命名空间 System 包括 Console 类，该类包含读取和写入控制台窗口的方法。System 命名空间也包含许多其他命名空间，如 System.IO 和 System.Collections。命名空间被用来最大限度地减少名称相似的类型和方法引起的混淆。

命名空间可以包含其他命名空间。这种划分方法的优点类似于文件夹。与文件夹不同的是，命名空间只是一种逻辑上的划分，而不是物理上的存储分类。

1.4 C#开发工具 Visual Studio 简介

1.4.1 Visual Studio 2008 开发环境

1. 安装 Visual Studio 2008 集成开发环境

1）安装条件

安装 Visual Studio 2008 之前，需要了解安装其所必需的条件，并检查计算机的软硬件配置是否满足 Visual Studio 2008 开发环境的安装要求。具体要求如表 1.1 所示。

表 1.1 安装 Visual Studio 2008 所必需的条件

软硬件	描述
处理器	600 MHz 处理器，建议使用 1 GHz 处理器
RAM	512 MB，建议使用 1 GB 内存
可用硬盘空间	如果不安装 MSDN，系统驱动器上需要 1 GB 的可用空间，安装驱动器上需要 2 GB 的可用空间。如果安装 MSDN，则系统驱动器上需要 1 GB 的可用空间，完整安装 MSDN 的安装驱动器上需要 3.8 GB 的可用空间，默认安装 MSDN 的安装驱动器上需要 2.8 GB 的可用空间
CD-ROM 或 DVD-ROM 驱动器	必须使用
显示器	800×600 像素，256 色。建议使用 1024×768 像素，增强色 16 位
操作系统及所需补丁	Windows 2000 Service Pack 4、Windows XP Service Pack 2、Windows Server 2003 Service Pack 1 或更高版本

注意：Windows XP Home 不支持本地 Web 应用程序开发，只有 Windows 专业版和服务器版才支持本地 Web 应用程序开发。同时，Visual Studio 2008 还不支持 Windows 95、Windows 98、Windows Me 和 Microsoft Windows 2000 Datacenter Server 等平台。

2）安装步骤

（1）将 Visual Studio 2008 安装盘放到光驱中，光盘自动运行后会进入安装程序界面。如果光盘不能自动运行，可以双击 setup.exe 可执行文件，应用程序会自动跳转到如图 1.2 所示的 "Visual Studio 2008 安装程序" 界面。该界面上有 3 个安装选项，即安装 Visual Studio 2008、安装产品文档和检查 Service Release，一般情况下需安装前两项。

图 1.2　Visual Studio 2008 安装程序界面

（2）单击"安装 Visual Studio 2008"，弹出如图 1.3 所示的安装向导界面。

图 1.3　Visual Studio 2008 安装向导界面

（3）单击"下一步"按钮，弹出如图 1.4 所示的"Microsoft Visual Studio 2008 安装程序-起始页"界面。界面左侧显示 Visual Studio 2008 安装程序的所需组件信息，右侧显示用户许可协议。

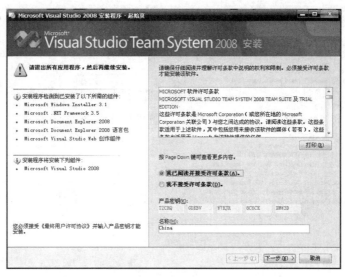

图 1.4　Visual Studio 2008 安装程序–起始页

（4）选中"我已阅读并接受许可条款"单选按钮，单击"下一步"按钮，弹出如图 1.5 所示的"Microsoft Visual Studio 2008 安装程序-选项页"界面。用户可以从中选择要安装的功能和产品安装路径，一般使用默认设置即可（产品默认路径为"C:\Program Files\Microsoft Visual Studio 9.0\"）。

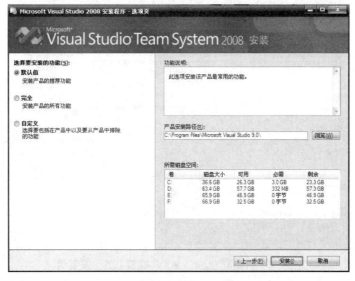

图 1.5　Visual Studio 2008 安装程序–选项页（一）

说明：在"选择要安装的功能"栏中，用户可以选择"默认值""完全"和"自定义"3 种安装方式。如果选择"默认值"，安装程序将安装系统必备的功能；如果选择"完全"，安装程序将安装系统的所有功能；如果选择"自定义"，用户可以自由选择安装的项目，从而增强了安装程序的灵活性。本次安装选择"自定义"，语言工具选择"Visual C#"，如图 1.6 所示。

（5）选择好产品安装路径之后，单击"安装"按钮，进入如图 1.7 所示的"Microsoft Visual Studio 2008 安装程序-安装页"界面，显示正在安装组件。

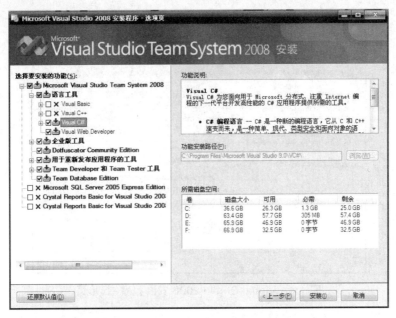

图 1.6　Visual Studio 2008 安装程序–选项页（二）

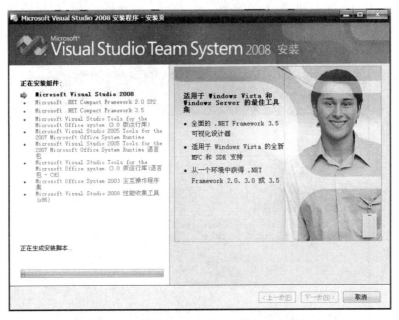

图 1.7　Visual Studio 2008 安装程序–安装页

（6）安装完毕后，单击"下一步"按钮，弹出"Microsoft Visual Studio 2008 安装程序-完成页"界面，单击"完成"按钮，完成 Visual Studio 2008 集成开发环境的安装。

2. 启动 Visual Studio 2008 集成开发环境

（1）选择"开始"／"程序"/Microsoft Visual Studio 2008/Microsoft Visual Studio 2008 命令，如果用户是第一次使用 Visual Studio 2008 开发环境，将弹出如图 1.8 所示的"选择默认环境设置"对话框。

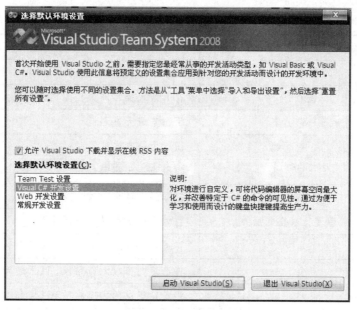

图 1.8　选择默认环境设置

（2）在图 1.8 所示对话框中选择"Visual C#开发设置"选项，单击"启动 Visual Studio"按钮，即可进入 Visual Studio 2008 开发环境起始页。

1.4.2　菜单栏

菜单栏中集成了所有可用的命令，通过鼠标单击即可执行菜单命令，此外也可以通过按快捷键（如 Alt+相应字母）执行菜单命令。常用的菜单命令及其作用如表 1.2 所示。

表 1.2　常用菜单命令及其作用

菜单项	菜单命令	功　能
文　件	新　建	建立一个新的项目、网站、文件等
	打　开	打开一个已经存在的项目、文件等
	添　加	添加一个项目到当前所编辑的项目中
	关　闭	关闭当前页面
	关闭解决方案	关闭当前解决方案
	保存 Form1.cs	保存项目中的当前窗体
	Form1.cs 另存为	将项目中当前窗体换名或者改变路径保存
	全部保存	将项目中所有文件保存
	导出模板	将当前项目作为模板保存起来，生成.zip 文件
	页面设置	设置打印机及打印属性
	打　印	打印指定内容

续表 1.2

菜单项	菜单命令	功 能
文 件	最近的文件	打开最近操作的文件（例如类文件）
	最近的文档	打开最近操作的文档（例如解决方案）
	退 出	退出集成开发环境
编 辑	撤 销	撤销上一步操作
	重 复	重做上一步所做的修改
	撤销上次全局操作	撤销上一步全局操作
	重复上次全局操作	重做上一步所做的全局修改
	剪 切	将选定内容放入剪贴板，同时删除文档中所选的内容
	复 制	将选定内容放入剪贴板，但不删除文档中所选的内容
	粘 贴	将剪贴板中的内容粘贴到当前光标处
	删 除	删除所选内容
	从数据库删除表	将表从数据库中删除
	全 选	选择当前文档中的全部内容
	查找和替换	在当前窗口文件中查找指定内容，可将查找到的内容替换为指定信息
	转 到	选择定位到"结果"窗格的哪一行
	书 签	显示书签功能菜单
视 图	代 码	显示代码编辑窗口
	设计器	打开设计器窗口
	服务器资源管理器	显示服务器资源管理器窗口
	解决方案资源管理器	显示解决方案资源管理器窗口
	类视图	显示类视图窗口
	代码定义窗口	显示代码定义窗口
	对象浏览器	显示对象浏览器窗口
	错误列表	显示错误列表窗口
	输 出	显示输出窗口
	属性窗口	显示属性窗口
	任务列表	显示任务列表窗口
	工具箱	显示工具箱窗口
	查找结果	显示查找结果
	其他窗口	显示其他窗口（例如命令窗口、起始页等）

菜单项	菜单命令	功　能
视　图	工具栏	打开工具栏菜单（例如标准工具栏、调试工具栏）
	显示窗格	用于"查询"和"视图设计器"中的显示窗格
	工具箱	显示工具箱
	全屏显示	将当前窗体全屏显示
	向后定位	将控制权移交给下一任务
	向前定位	将控制权移交给上一任务
	属性页	为用户控件显示属性页
项　目	添加 Windows 窗体	添加一个窗体
	添加用户控件	添加一用户控件
	添加组件	添加某个组件
	添加类	添加类文件
	添加新项	添加一个新项到当前所编辑的项目中
	添加现有项	添加一个已存在的项到当前所编辑的项目中
	添加新的分局式系统关系图	为当前项目添加新的分局式系统关系图
	从项目中移除	将当前项目移除
	显示所有文件	在资源管理器中显示当前项目文件下的所有文件
	添加引用	为当前项目添加引用
	添加 Web 引用	为当前项目添加 Web 引用
	设为启动项目	将选定的项目设为启动项
	项目属性	设置项目的属性
生　成	生成解决方案	将项目生成解决方案
	重新生成解决方案	将以前的项目删除，重新生成解决方案
	清理解决方案	清除项目的解决方案
	生成项目	生成项目
	重新生成项目	重新生成项目
	清理项目	清理项目
	发布项目	发布项目
	对项目的代码进行分析	对项目的代码进行分析，检测代码正确性
	批生成	将当前项目成批生成
	配置管理器	打开配置管理器
调　试	窗　口	窗口功能菜单（包括断点、输出、即时）
	启动调试	启动项目并可以调试错误

菜单项	菜单命令	功　能
调　试	开始执行（不调试）	执行项目但不调试错误
	附加到进程	打开附加到进程设置窗体
	异　常	打开异常设置窗体
	逐语句	一次执行一个语句
	逐过程	一次执行一个过程
	切换断点	在当前行添加或删除断点
	清除所有断点	清除项目中的所有断点

1.4.3　工具箱

　　工具箱提供建立应用程序所用的控件。如图 1.9 所示，工具箱以树形列表组织控件，包含"所有 Windows 窗体""公共控件""容器""菜单和工具栏""数据""组件""对话框"等。展开"所有 Windows 窗体"，可以看到其中的许多控件，如图 1.10 所示。

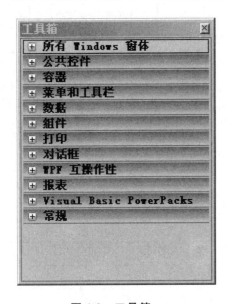

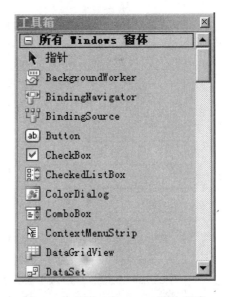

图 1.9　工具箱　　　　　　　图 1.10　所有 Windows 窗体列表

1.4.4　属性面板及解决方案资源管理器

1.　属性面板

　　属性面板如图 1.11 所示。它在 Visual Studio 2008 中非常重要，为 Windows 窗体应用程序的开发提供了全面的属性修改方式。窗体应用程序开发中的各个控件属性都可以通过属性面板来设置。此外，属性面板还提供了针对控件的事件的管理功能，以方便编程时对事件的处理。

属性面板同时采用了按分类和按字母顺序两种方式来管理属性，开发人员可以根据自己的习惯采用不同的方式。面板的下方还有简单的帮助信息，方便开发人员对控件的属性进行操作和修改。属性面板的左侧显示属性名称，右侧显示对应的属性值。

2. 解决方案资源管理器

解决方案资源管理器如图 1.12 所示，提供了项目及文件的视图，并且提供对项目和文件相关命令的便捷访问。与此窗口关联的工具栏提供了适用于列表中突出显示项的常用命令。若要访问解决方案资源管理器，可选择"视图"/"解决方案资源管理器"命令。

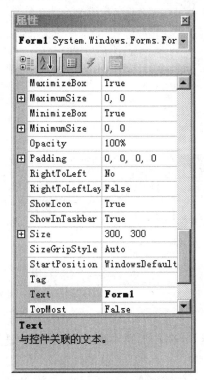

图 1.11　属性面板

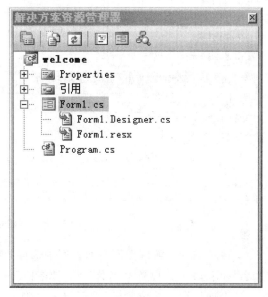

图 1.12　解决方案资源管理器

1.5　创建 C#控制台程序

【案例 1.1】　在控制台打印一行文字。

```
class Hello
{
    static void Main()
    {
        System.Console.WriteLine("Hello,World!");
    }
}
```

1.5.1 创建控制台应用程序的步骤

（1）在集成开发环境中选择"文件"/"新建"/"项目"命令，打开如图1.13所示的"新建项目"对话框。

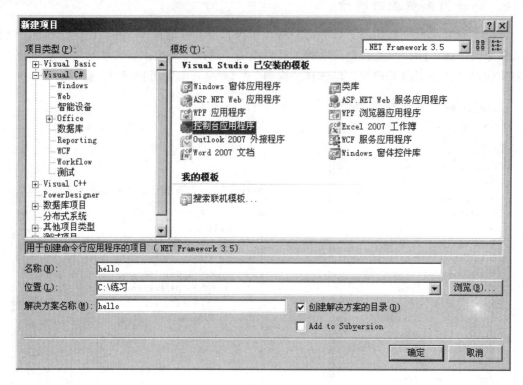

图1.13 新建项目对话框

（2）在左侧的"项目类型"列表框中选择"Visual C#"，在右侧的"模板"列表框中选择"控制台应用程序"，设置"名称"为"hello"，"位置"为"c:\练习"（也可以单击"浏览"按钮，选择项目存放的位置），然后单击"确定"按钮，就创建好了一个项目名称为"hello"的控制台应用程序。

（2）在如图1.14所示的代码窗口中，在static void Main(string[] args)方法内输入代码并保存：

```
Console.WriteLine("Hello,World!");
```

（4）编译和执行。从"生成"菜单选择"生成hello"，如果没有错误，就生成可执行文件。

也可以采用调试执行和直接执行两种方式执行程序：

① 调试执行：选择"调试"\"启动调试"，或单击工具栏"启动调试"按钮，或按F5键。

② 直接执行：选择"调试"\"开始执行（不调试）"，或按〈Ctrl+F5〉键。

如果有语法、编译、链接错误，相关提示信息会显示在错误列表窗口，如图1.15所示。双击错误提示信息，跳转到出错代码处，进行修改。

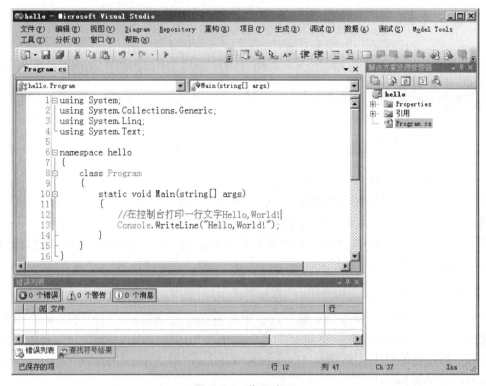

图 1.14 代码窗口

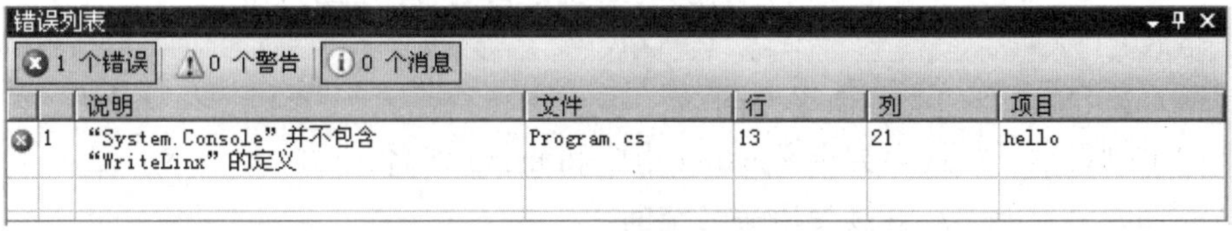

图 1.15 错误列表窗口

1.5.2 代码分析与讨论

1. 代码注释

C#代码共有 3 种注释：

➤ 单行注释：以双斜线//开关，如程序代码中"//在控制台打印一行文字 Hello,World!"语句。

➤ 多行或一段注释：以/*开开头，以*/结束。

➤ 类方法注释：在类的方法声明前注释，是以///开头的单行注释。例如：

```
/// <summary>
```

这是 Main 方法，只能在一个类中有一个静态 Main 方法，作为程序的入口。

```
///</summary>
///<param name="args"></param>
static void Main(string[] args)
```

2. 命名空间

1）命名空间的定义

语法格式：

```
namespace 命名空间名称
{
    [声明列表]
}
```

命名空间名称：用户声明的唯一命名空间名称。

声明列表：定义命名空间的变量、方法、对象、模板。

每个命名空间定义必须出现在文件范围内或紧接着在另一命名空间定义内。

语句 namespace hello{...}定义了命名空间 hello，用命名空间组织 hello 控制台程序的 Program 类及其静态 Main()主方法。

2）命名空间的使用

代码的第一条语句"using System"表示导入 System 命名空间，以便访问.NET 框架类库的相关类及方法。Console 就是 System 命名空间中预先定义好的一个类，负责控制台的输入输出操作。其完整的写法是 System. Console.WriteLine()，导入了 System 命名空间后，可以简写为 Console.WriteLine()。

使用 using 指令能够引用给定的命名空间或创建命名空间的别名。

语法格式：

```
using [别名 = ]类或命名空间名;
```

下面的示例显示了如何为类定义 using 指令和 using 别名：

```
using System; //直接使用命名空间
using AliasToMyClass = NameSpace1.MyClass; //使用类的别名
namespace NameSpace1
{
    public class MyClass
    {
        public override string ToString()
        {
            return "You are in NameSpace1.MyClass";
        }
    }
}
namespace NameSpace2
{
    class MyClass
{ }
}
```

```
namespace NameSpace3
{
    using NameSpace1; //using directive
    using NameSpace2; //using directive
    class Test
{
    public static void Main()
    {
        AliasToMyClass somevar = new AliasToMyClass();
        Console.WriteLine(somevar);
    }
}
    }
```

3. 定义类

语法格式：

```
    class 类名称
```

命名空间 hello 的代码如下：

```
namespace hello
{
class Program
{
    static void Main(string[] args)
    {
        //在控制台打印一行文字 Hello,World!
        Console.WriteLine("Hello,World!");
    }
}
}
```

"class Program" 表示定义了类 Program，class 是定义类的关键字，Program 是类的名称，此类属于命名空间 hello。

4. Main 方法

在 Program 类中，定义了一个静态 Main()方法，代码如下：

```
    static void Main(string[] args)
    {
        //在控制台打印一行文字 Hello,World!
        Console.WriteLine("Hello,World!");
    }
```

关键字 static 表示 Main()方法是静态的。关键字 void 表示 Main()方法没有返回值。花括号{}之间是方法体，方法体中的语句实现方法的功能。一个 C#程序可以有多个类，但是只能在一个类中有一个静态 Main 方法，作为程序的入口。如果在多个类中有 Main()方法，编译时必须指明哪个类的 Main()方法作为程序入口，否则编译器要报错。

5. 输入和输出类 Console

Console 类表示控制台应用程序的标准输入流、输出流和错误流。Console 类提供的主要方法有 Write()、WriteLine()、Read()、ReadLine()。

➤ Console.Write 表示向控制台直接写入字符串，不进行换行，可继续接着前面的字符写入。

➤ Console.WriteLine 表示向控制台写入字符串后换行。

➤ Write()、WriteLine()可以直接输出变量的值，也可以格式化输出。格式化输出时格式项的语法是{索引[,对齐方式][:格式字符串]}。

索引：表示输出变量的序号，从 0 开始。

对齐方式：表示输出的对齐方式。

格式字符串：指定输出结果字符串的格式。这种方式中包含两个参数"格式字符串"和变量列表。

➤ Console.Read 表示从控制台读取字符串，只能读取第一个字符的 ASCII 码，不换行。

➤ Console.ReadLine 表示从控制台读取字符串后进行换行，能读取多个字符。

【案例 1.2】 使用 Console 类输入输出信息。

```
using System;
using System.Collections.Generic;
using System.Linq;
using System.Text;
namespace TangSeng
{
    class Program
    {
        static void Main(string[] args)
        {
            Console.WriteLine("唐僧第 1 个徒弟是:");
            string name1 = Console.ReadLine();
            Console.WriteLine("唐僧第 2 个徒弟是:");
            string name2 = Console.ReadLine();
            Console.WriteLine("唐僧第 3 个徒弟是:");
            string name3 = Console.ReadLine();
            Console.WriteLine("唐僧一共有{0},{1},{2}3 个徒弟。",
                    name1,name2,name3);
        }
    }
}
```

在语句 Console.WriteLine("唐僧一共有{0},{1},{2}3 个徒弟", name1,name2,name3);中，"唐僧一共有{0},{1},{2}3 个徒弟"是格式字符串，{0}、{1}、{2}}叫作占位符，代表后面依次排列的变量列表。其中，0 对应变量列表的第一个变量，1 对应变量列表的第 2 个变量，2 对应变量列表的第 3 个变量，依此类推，完成输出。

6. 编译并运行程序

选择"调试"\"开始执行（不调试）"，或按<Ctrl+F5>键直接执行。输入数据，显示输入结果。

1.6　创建 Windows 应用程序

1.6.1　创建 Windows 应用程序的步骤

（1）在集成开发环境中选择"文件"/"新建"/"项目"命令，打开如图 1.16 所示的"新建项目"对话框。

图 1.16　新建项目对话框

（2）在左侧的"项目类型"列表框中选择"Visual C#"，在右侧"模板"列表框中选择"Windows 窗体应用程序"，设置"名称"为"welcome"，"位置"为"c:\练习"（也可以单击"浏览"按钮，选择项目存放的位置），然后单击"确定"按钮，就创建了项目名称为 welcome 的 Windows 应用程序。程序已经自动添加了一个名为 Form1 的窗体，如图 1.17 所示。

（3）在左侧工具箱中，展开"所有 Windows 窗体"列表，拖放到窗体 Form1 中。选中 button1 控件，在属性窗口中把 button1 控件的 Text 属性设置为"欢迎"，如图 1.18 所示。

（4）双击 button1 控件，在 Form1.cs 代码设计窗口中自动生成了按钮 button1 的代码框架：

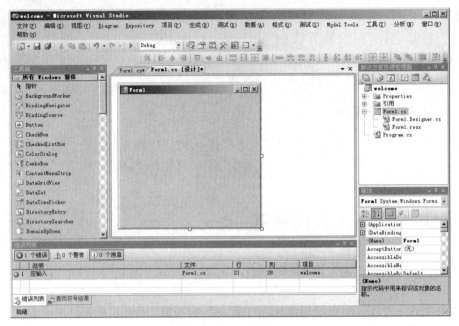

图 1.17　Windows 应用程序设计窗体

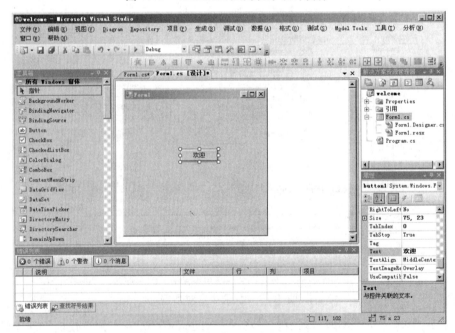

图 1.18　添加 Button 控件

```csharp
private void button1_Click(object sender, EventArgs e)
{

}
```

在括号{}中写入语句:

```csharp
MessageBox.Show("欢迎来到 C#程序世界!");
```

（5）编译并执行程序，运行结果如图 1.19 所示。

图 1.19　Windows 程序运行结果

1.6.2　代码分析与讨论

完整的代码如下：

```
using System;
using System.Collections.Generic;
using System.ComponentModel;
using System.Data;
using System.Drawing;
using System.Linq;
using System.Text;
using System.Windows.Forms;
namespace welcome
{
    public partial class Form1 : Form
    {
        public Form1()
        {
            InitializeComponent();
        }
        private void button1_Click(object sender, EventArgs e)
        {
            MessageBox.Show("欢迎来到 C#程序世界!");
        }
    }
}
```

1. 类的考虑

程序的功能代码都封闭在 Form 类中,其结构是 public partial class Form1: Form {}。Form 是类的名称,由系统自动生成。Form1 是 Form 类的一个对象,包含了 Form1 的初始化 InitializeComponent()和按键的单击事件 button1_ Click(object sender, EventArgs e)。

2. Show 方法

功能:显示具有指定文本、标题、按钮、图标和默认按钮的消息框,并返回结果。

MessageBox.Show(string text, string caption, MessageBoxButtons buttons, MessageBoxIcon icon, MessageBoxDefaultButton defaultButton);

参数说明:

text:消息框中显示的文本。

caption:消息框的标题栏中显示的文本。

Buttons:System.Windows.Forms.MessageBoxButtons 值之一,可指定在消息框中显示哪些按钮。

Icon:System.Windows.Forms.MessageBoxIcon 值之一,它指定在消息框中显示哪个图标。

default Button:System.Windows.Forms.MessageBoxDefaultButton 值之一,可指定消息框中的默认按钮。

返回结果:System.Windows.Forms.DialogResult 值之一,说明用户单击了消息框上的哪个按钮。

【本章小结】

本章主要介绍了.NET 的开发工具 Visual Studio 2008 的组成及各部分的功能,并分别讲解了 C#控制台应用程序和 Windows 应用程序的创建步骤及 C#程序的基本组成。

【课后习题】

(1)还有没有其他方法可以实现控制台应用程序?

(2)有没有其他方法可以实现 Windows 应用程序?

(3)请说明 Main 方法的作用。

(4)请说明哪个方法可以在命令窗口中显示信息。

(5)请说明哪个类的哪个方法用于显示消息对话框。

【上机实训】

(1)编写一个简单的控制台应用程序,输入一字符串,然后将其输出。

(2)创建一个简单的应用程序,在消息框中显示"C#应用程序"。

(3)创建一个 Windows 应用程序,实现当单击按钮时在文本框中显示一行文字。

第 2 章　C#语法知识

【学习目标】

☞ 掌握 C#中的各种数据类型；

☞ 掌握变量的定义；

☞ 掌握 if 语句的语法规则；

☞ 掌握 switch 语句的语法规则；

☞ 掌握 for 语句的语法规则；

☞ 掌握 while 语句的语法规则；

☞ 掌握 foreach 语句的语法规则；

☞ 掌握异常处理的语法规则。

【知识要点】

📖 数据类型的各种分类；

📖 if-else 语句的语法；

📖 switch 语句的语法；

📖 for 语句的语法；

📖 foreach 语句的语法；

📖 while 语句的语法；

📖 异常处理的语法。

2.1　C#语言元素

1. 语　句

从程序流程的角度来看，C#程序可以分为三种基本结构，即顺序结构、分支（选择）结构、循环结构。这三种基本结构可以组成各种复杂程序。

C#语言提供了多种语句来实现这些程序结构，我们将在后面一一学习。

2. 标识符与关键字

1）标识符

标识符是用户编程时使用的名字。我们在指代某个事物或人时，都要用到它、他或她的名字；数学中，在解方程时，我们也常常用到这样或那样的变量名或函数名。同样的道理，在 C#语言中，变量、常量、函数、语句块也有名字，我们统称为标识符。

C#语言中，命名标识符应当遵守以下规则：

（1）标识符不能以数字开头，也不能包含空格。

（2）标识符可以包含大小写字母、数字、下划线和@字符。

（3）标识符必须区分大小写。大写字母和小写字母被认为是不同的字母。

（4）@字符只能是标识符的第一个字符。带@前缀的标识符被称为逐字标识符。

（5）不能使用 C#中的关键字。虽然使用@字符加关键字可以构成合法的标识符，但建议不要这样做。

（6）标识符不能与 C#的类库名称相同。

2）关键字

和 C 语言一样，C#编译器也预定义了保留标识符。这些在 C#的 system 命名空间中的预定义的保留标识符称为关键字。它们不能在程序中用作标识符，除非它们有一个@前缀。比如，@this 是有效的标识符，但 this 不是，因为 this 是关键字。

C#语言中的所有关键字如下：

abstract	as	base	bool	break	byte	case
catch	char	checked	class	const	continue	decimal
default	delegate	do	double	else	enum	event
explicit	extern	false	finally	fixed	float	for
foreach	goto	if	implicit	in	int	intemal
interface	is	lock	long	namespace	new	null
object	operator	out	override	params	private	protected
public	readonly	ref	return	sbyte	sealed	short
sizeof	stackalloc	static	string	struct	switch	this
throw	true	try	typeof	uint	ulong	unchecked
unsafe	ushort	using	virtual	void	volatile	while

3）标识符应用举例

正确的标识符：

　　Good　_Id　B2c

错误的标识符：

　　32c　d@2　try

2.2 变　量

众所周知，计算机是具有存储的功能的。例如，我们可以通过 Word 打开一个保存的文档，也可以在玩游戏时保存游戏的"进度"。那么，一个程序是如何把数据存到计算机内存里的？又是如何把内存里的数据取出来的呢？

答案是通过变量。变量是程序运行过程中用于存放数据的存储单元。变量的值在程序的运行过程中是可以改变的。

1. 变量的定义和赋值

在定义变量的时候，首先必须给每一个变量起名（称为变量名），以便区分不同的变量。在计算机中，变量名代表存储地址。C#的变量名必须是合法的 C#标识符。比如，av 和 Index 都是合法的变量名。为与 C#系统变量区分，尽量避免用"_"开头。C#中采用如下格式定义一个变量：

[变量修饰符] 类型标识符　变量名 1=初值 1，变量名 2=初值 2，……

2. 静态变量和实例变量

静态变量：声明变量时用 static 关键字修饰的变量称为静态变量。静态变量只需创建一次，在程序中可多次引用。如果一个类中的成员变量被定义为静态变量，那么类的所有实例都共享这个变量。静态变量的初始值就是该类型变量的默认值。

实例变量：声明变量时没有 static 修饰的变量为实例变量，也称为普通变量。

3. 局部变量

局部变量是临时变量，定义在方法块中，当方法块运行结束时，局部变量随之消失。局部变量需初始化后才能使用。

4. 应用举例

```
private static int gz=65;
public double jj=76.8;
```

注意：C#规定，任何变量都必须先定义，后使用。

2.3　数据类型

2.3.1　知识点

如图 2.1 所示，C#中数据类型主要分为两大类：值类型（是变量的具体值）和引用类型［是引用变量（对象）的地址］。指针类型只有在（Unsafe Code）中才使用。

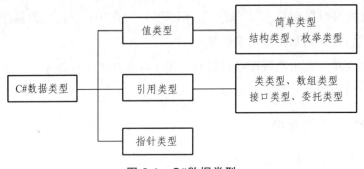

图 2.1　C#数据类型

1. 值类型

1）简单数据类型

简单数据类型包括：整数类型（8 种）、浮点类型（又称实数类型）、小数类型（又称十进制类型，说明符为 decimal，主要用于金融领域）、布尔类型和字符类型。

（1）整数类型。

整数类型的数据值只能是整数。数学上的整数可以是负无穷大到正无穷大，但计算机的存储单元是有限的，因此，计算机语言所提供的数据类型都是有一定范围的。

C#中提供了 8 种整数类型，它们的取值范围如表 2.1 所示。

表 2.1　C#中的整数类型

类型标识符	描　　述	占用字节数	可表示的数值范围
sbyte	8 位有符号整数	1	$-128 \sim +127$
byte	8 位无符号整数	1	$0 \sim 255$
short	16 位有符号整数	2	$-32768 \sim +32767$
ushort	16 位无符号整数	2	$0 \sim 65535$
int	32 位有符号整数	4	$-2147483648 \sim +2147483647$
uint	32 位无符号整数	4	$0 \sim 2^{32}-1$
long	64 位有符号整数	8	$-9223372036854775805 \sim$ $+9223372036854775807$
ulong	64 位无符号整数	8	$0 \sim 2^{64}-1$

（2）浮点类型。

小数在 C#中采用浮点类型的数据来表示。浮点类型的数据包含两种：单精度浮点型（float，32 位）和双精度浮点型（double，64 位）。其区别在于取值范围和精度不同。计算机对浮点数据的运算速度远远低于对整数的运算速度。而数据的精度越高，对计算机的资源要求就越高，因此，在对精度要求不高的情况下，我们可以采用单精度类型，而在精度要求较高的情况下，可以使用双精度类型。

浮点类型数据的精度和取值范围如下：

单精度：取值范围为 $+1.5 \times 10^{-45} \sim 3.4 \times 10^{38}$，精度为 7 位数。

双精度：取值范围为 $+5.0 \times 10^{-324} \sim 1.7 \times 10^{308}$，精度为 15～16 位数。

一个实数常量，在 C#中默认为 double 类型，而不能隐式转换为单精度浮点型（float）。例如：

```
float f1=2.5;
```

是错误的；正确的是：

```
float f2=2.5f; float f3=(float)2.5;
```

（3）小数类型。

小数类型（decimal）是高精度的数据类型，占用 16 个字节（128 位），主要用于需要高精度的财务和金融计算机领域。小数类型数据的取值范围为 $+1.0 \times 10^{-28} \sim 7.9 \times 10^{28}$，精度为 29 位数。

小数类型数据的取值范围远远小于浮点型，不过它的精度比浮点型高得多。所以，相同的数字对于两种类型来说可能表达的内容并不相同。

值得注意的是，小数类型数据的后面必须跟 m 或者 M 后缀，如 3.14m、0.28m 等，否则就会被解释成标准的浮点类型数据，导致数据类型不匹配。

在程序中书写一个十进制的数值常数时，C#默认按照如下方法判断其属于哪种 C#数值类型：

➤ 如果一个数值常数不带小数点，如 12345，则这个常数的类型是整型。

➤ 对于一个属于整型的数值常数，C#按如下顺序判断该数的类型：int，uint，long，ulong。

➤ 如果一个数值常数带小数点，如 3.14，则该常数的类型是浮点型中的 double 类型。

如果不希望 C#使用上述默认的方式来判断一个十进制数值常数的类型，可以通过给数值常数加后缀的方法来指定其类型。可以使用的数值常数后缀有以下几种：

➤ u（或者 U）后缀：加在整型常数后面，代表该常数是 uint 类型或者 ulong 类型。具体是其中的哪一种，由常数的实际值决定。C#优先匹配 uint 类型。

➤ l（或者 L）后缀：加在整型常数后面，代表该常数是 long 类型或者 ulong 类型。具体是其中的哪一种，由常数的实际值决定。C#优先匹配 long 类型。

➤ ul 后缀：加在整型常数后面，代表该常数是 ulong 类型。

➤ f（或者 F）后缀：加在任何一种数值常数后面，代表该常数是 float 类型。

➤ d（或者 D）后缀：加在任何一种数值常数后面，代表该常数是 double 类型。

➤ m（或者 M）后缀：加在任何一种数值常数后面，代表该常数是 decimal 类型。

举例如下：

138f——代表 float 类型的数值 138.0。

518u——代表 uint（32 位无符号）类型的数值 518。

36897123ul——代表 ulong（64 位无符号）类型的数值 36897123。

22.1m——代表 decimal 类型的数值 22.1。

12.68——代表 double 类型的数值 12.68。

36——代表 int 类型的数值 36。

如果一个数值常数超过了该数值常数的类型所能表示的范围，C#在对程序进行编译时，将给出错误信息。

刚开始学习时，应该先牢记以下几种数据类型：

int 型　：凡是要表示带符号的整数时，先考虑使用 int 型。

uint 型　：凡是需要表示不带符号的整数时，先考虑使用 uint 型。

double 型：凡是需要做科学计算，并且精度要求不是很高时，考虑使用 double 型。

（4）字符类型。

C#提供的字符类型数据按照国际上公认的标准，采用 Unicode 统一码（全球码）字符集。一个 Unicode 字符的内存分配长度为 2 个字节，即 16 位（bit），一共可存储 65536 个字符，它可以用来表示世界上大部分语言种类。所有 Unicode 字符的集合构成字符类型。字符类型的类型标识符是 char，因此也可称其为 char 类型。凡是在单引号中的一个字符，就是一个字符常数，例如：

'a'　　'p'　　'*'　　'0'　　'8'

注意：C#中的字符型与整型不像在 C/C++中能自动转换，如下面的语句在 C#中不合法：

char c=13;

当然，可将整型显式转换为一个字符类型，再赋给字符变量，如：

char c=(char)13;

（5）布尔类型。

布尔类型数据用于表示逻辑真和逻辑假。布尔类型的类型标识符是 bool。布尔类型常数只有两种值：true（代表"真"）和 false（代表"假"）。布尔类型数据主要应用在流程控制中。程序员往往通过读取或设定布尔类型数据的方式来控制程序的执行方向。

2）结构类型

通过前面的学习，我们认识了整型、浮点型、字符型等 C#语言的基本数据类型，但仅有这些数据类型是不够的。在实际问题中，有时需要将不同类型的数据组合成一个有机的整体，以便于引用。例如，在新生入学登记表中，一个学生的学号、姓名、性别、年龄、总分等，它们属于同一个处理对象，却又具有不同的数据类型。每增加、删减或查阅一个学生记录，都需要处理这个学生的学号、姓名、性别、年龄、总分等数据，因此，有必要把一个学生的这些数据定义成一个整体。

为了解决这样一个问题，C#给出了一种数据类型——结构体。

结构也是一种值类型，并且不需要堆分配。结构的实例化可以不使用 new 运算符（关于 new 运算符，会在后面的章节中讲到）。如果声明一个由 10 000 个 Point 对象组成的数组，为了引用每个对象，则需分配更多内存。这种情况下，使用结构可以节约资源。

和 C 语言非常相似，C#中的结构也是使用关键字 struct 定义的。结构与类相似，都表示可以包含数据成员和函数成员的数据结构。其具体使用方法如下：

```
using System;
struct point                    //结构定义
{
public int x,y;                 //声明变量，但不能赋初值
}
```

2. 引用类型

C#中，引用类型可以分为以下几种：

➤ 类。C#中预定义了一些类：对象类（object 类）、数组类、字符串类等。当然，程序员可以定义其他类。

➤ 接口。

➤ 代表。

C#中，引用类型变量无论如何定义，总是引用类型变量，而不会变为值类型变量。C#中引用类型对象一般用运算符 new 建立，用引用类型变量引用该对象。例如，我们下一章要学习的"类"就是典型的引用类型。

我们在以后还会学习类、接口、委托等概念，从这些概念中我们将慢慢体会到 C#的引用类型和值类型之间的区别与联系。

3. 数据类型转换

在 C#程序中，经常会碰到类型转换问题。例如整型数和浮点数相加，C#会进行隐式转换。详细记住哪些类型数据可以转换为其他类型数据，是不可能的，也是不必要的。遇到类型转换，程序员掌握的基本原则是：类型转换不能导致信息丢失。C#中类型转换分为：隐式转换、显示转换、装箱(boxing)和拆箱(unboxing)等。

1）隐式转换

隐式转换就是系统默认的、不需要加以声明就可以进行的转换。例如，从 int 类型转换到 long 类型就是一种隐式转换。在隐式转换过程中，转换一般不会失败，也不会导致信息丢失。例如：

```
int i=10;
long l=i;
```

2）显示转换

显式类型转换，又叫强制类型转换。与隐式转换正好相反，显式转换需要明确地指定转换类型。显示转换可能导致信息丢失。下面的例子是把长整形变量显式转换为整型：

```
long l=5000;
int i=(int)l;                    //如果超过 int 型的取值范围，将产生异常
```

3）装箱和拆箱

装箱和拆箱是 C#语言类型系统提出的核心概念。装箱是将值类型转换为 object（对象）类型，拆箱是将 object（对象）类型转换为值类型。有了装箱和拆箱的概念，对于任何类型的变量，我们最终都可以将其看作 object 类型。

（1）装箱操作。

把一个值类型变量装箱，就是创建一个 object 对象，并将这个值类型变量的值复制给这个 object 对象。例如：

```
int i=10;
object obj=i;               //隐式装箱操作，obj 为创建的 object 对象的引用
```

我们也可以用显式的方法来进行装箱操作，例如：

```
int i =10;
object obj=object(i);    //显式装箱操作
```

把值类型变量装箱后，值类型变量的值不变，仅将这个值类型变量的值复制给这个 object 对象。我们看一下下面的程序：

```
using System
class Test
{    public static void Main()
{    int n=200;
object o=n;
o=201;                          //不能改变 n
Console.WriteLine("{0},{1}",n,o);
}
}
```

输出结果为：200，201。这就证明了值类型变量 n 和 object 类对象 o 都独立存在着。

（2）拆箱操作。

和装箱操作正好相反，拆箱操作是指将一个对象类型显式地转换成一个值类型。拆箱的过程分为两步：先检查这个 object 对象，看它是否为给定的值类型变量的装箱值，如是，则把这个对象的值复制给值类型的变量。下面我们举个例子来说明一个对象拆箱的过程：

```
int i=10;
object obj=i;
int j=(int)obj;                    //拆箱操作
```

可以看出，拆箱过程正好是装箱过程的逆过程。需要注意的是，装箱操作和拆箱操作必须遵循类型兼容的原则。

（3）装箱和拆箱的使用。

定义如下函数：

```
void Display(Object o)              //注意，o 为 Object 类型
{    int x=(int)o;                  //拆箱
System.Console.WriteLine("{0},{1}",x,o);
}
```

调用此函数：

```
int y=20;
Display(y);
```

在此利用了装箱概念，虚参被实参替换：

```
Object o=y;
```

也就是说，函数的参数是 Object 类型，可以将任意类型实参传递给函数。

2.3.2 教学案例

【**案例 2.1**】 设计一个 Windows 应用程序，要求界面可以输入速度和时间，然后计算出路程。

1. 案例分析

这是一个很简单的 C#程序，在界面上设计两个文本框和一个按钮。设计好界面以后，我们可以在计算按钮事件 btnCal_Click()中，按照公式"路程=速度×时间"来进行计算。最后，用 MessageBox 提示框来输出答案。

2. 操作步骤

（1）设计好程序界面。
（2）定义三个双精度（double）型变量：Sj, Sd, Lc。
（3）使用 double.Parse 对输入的数据进行转换。
（4）计算并输出结果。

3. 源代码

```
using System;
using System.Windows.Forms;

namespace Teach
{
    public partial class Form1 : Form
    {
        public Form1()
        {
            InitializeComponent();
        }

        private void btnCal_Click(object sender, EventArgs e)
        {
            double Sd,Sj,Lc;
            Sd = double.Parse(txtSd.Text);
            Sj = double.Parse(txtSj.Text);
            Lc = Sd * Sj;
            MessageBox.Show("路程为："+Lc.ToString());
        }
    }
}
```

4. 程序运行结果（图2.2）

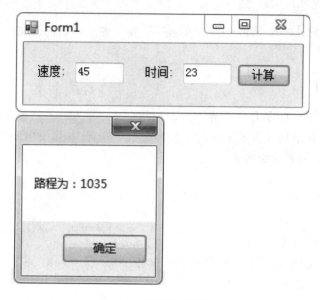

图2.2 运行结果界面

2.3.3 案例练习

【练习2.1】 编写程序，要求实现如下功能：输入圆的半径 r，计算圆的周长 c 和面积 a，并使用标签控件输出结果。

2.4 运算符与表达式

2.4.1 知识点

1. 赋值运算符与表达式

1）运算符和表达式的概念

C#中各种运算是用符号来表示的。用来表示运算的符号称为运算符。用运算符把运算对象连接起来的有意义的式子称为表达式。每个表达式的运算结果是一个值。

2）运算对象和运算符的"目"

运算符必须带有运算对象。根据运算对象的多少，可以把运算符分成单目运算符、双目运算符和三目运算符。

3）运算符的优先级和结合性

首先请大家计算下面的表达式：

    3+5*2

大家都知道先算乘法再算加法，其实这里就涉及运算符的优先级问题。即当表达式中出现多个运算符，则在计算表达式的值时，必须决定运算符的运算次序。我们把这个运算次序称为运算符的优先级。

请大家再看如下表达式：

b*(a−c)

计算该表达式时，应先算括号内的"a−c"，然后再用 b 乘上"a−c"的运算结果。当在一个表达式中出现多个同级别的运算符时，应先算谁呢？这就涉及运算符的结合性。

2. 算术运算符与算术表达式

1）基本算术运算符（表 2.2）

表 2.2　基本算术运算符

对象数	运算符	名称	运算规则	运算对象类型	运算结果类型	实例	说　明
单目	+	正	取原值	整型或实型	整型或实型	+a	求 a 的原值
	−	负	取负值			−a	求 a 的负值
双目	+	加	加法	整型或实型	整型或实型	a+b	求 a 与 b 的和
	−	减	减法			a−b	求 a 与 b 的差
	*	乘	乘法			a*b	求 a 与 b 的积
	/	除	除法			a/b	求 a 除以 b 的商
	%	模	整除取余数	整数	整型	a%b	求 a 除以 b 的余数

2）增 1（++）减 1（−−）运算符（表 2.3）

表 2.3　增 1 减 1 运算符

对象数	名称	运算符	运算规则	运算对象类型	结果类型	实例（a=3）	说　明
单目	增 1（前缀）	++	先加 1，后使用	基本数据类型的变量或数组元素	同运算对象的类型	++a	表达式值=4，a=4
	减 1（前缀）	−−	先减 1，后使用			−−a	表达式值=2，a=2
	增 1（后缀）	++	先使用，后加 1			a++	表达式值=3，a=4
	减 1（后缀）	−−	先使用，后减 1			a−−	表达式值=3，a=2

3. 关系运算符与关系表达式（表 2.4）

表 2.4　关系运算符

对象数	名称	运算符	运算规则	运算对象类型	运算结果类型	实例（x=3，y=4）	说　明
双目	大于	>	满足则为真，结果为 True；不满足为假，结果为 false	整数型、实数型、字符型等	逻辑值	x>y	值为 false
	小于	<				x<y	值为 true
	小于等于	<=				x<=y	值为 true
	大于等于	>=				x>=y	值为 false
	等于	==				x==y	值为 false
	不等于	!=				x!=y	值为 true

关系运算符均是双目运算符，它们的优先级和结合性如下：

1）优先级

（1）"算术运算符"高于"关系运算符"。

（2）<、<=、>、>=高于==、!=。

2）结合性

<、<=、>、>=等运算符同级，结合性自左向右。==、!=等运算符同级，结合性自左向右。

4. 逻辑运算符与逻辑表达式（表2.5）

表2.5　逻辑运算符

对象数	名　称	运算符	运算对象类型	运算结果类型	实例（x=5,y='a'）	说　明
单　目	逻辑非	!			!true	false
双　目	逻辑与	&&	逻辑量	逻辑值（true 或 false）	x>5&&y<'A'	false
	逻辑或	||			x>4||y<'A'	true

逻辑运算符的运算规则如表2.6所示。

表2.6　逻辑运算符的运算规则

对象1（A）	对象2（B）	逻辑与运算（A&&B）	逻辑与运算（A||B）	逻辑非（!A）
false	false	false	false	true
false	true	false	true	
true	false	false	true	false
true	true	true	true	

逻辑运算符的优先级和结合性如下：

1）优先级

（1）逻辑非（!）是单目运算符，其优先级高于双目运算符。

（2）逻辑与（&&）和逻辑或（||）是双目运算符，其优先级如下："双目算术运算符"高于"关系运算符"高于逻辑与（&&）高于逻辑或（||）。

2）结合性

（1）逻辑非（!）和单目算术运算符是同级的，其结合性自右向左。

（2）逻辑与（&&）和逻辑或（||）是双目运算符，其结合性是自左向右。

5. 位运算符

位运算符用来对操作数进行位运算，其运算对象是整型和字符型。位运算符主要分为两类：

（1）位逻辑运算符，包括：位与运算符：（&）、位或运算符（|）、异或运算符（^）、取反运算符（~）。

（2）位移位运算符，包括：左移运算符（<<）、右移运算符（>>）。

位运算符在表达式中的优先级可概括成如下几点：

（1）取反运算符（～）为单目运算符，其优先级高于所有的双目运算符和三目运算符。

（2）位移位运算符优先级相同，比算术运算符的优先级低，比关系运算符的优先级高。

（3）位逻辑运算符的优先级低于关系运算符，高于逻辑运算符。

（4）三个位逻辑运算符的优先级从高到低为：&、^、|。

6. 赋值运算符与赋值表达式

赋值运算符的运算规则如表 2.7 所示。

表 2.7　赋值运算符的运算规则

对象数	名　称	运算符	运算规则	运算对象类型	运算结果类型	实例（x=7，y=3）	结果（x 的值）
双目	赋　值	=	将表达式赋值给变量	任意类型	任意类型	x=y+5	8
	加赋值	+=	a+=b（相当于 a=a+(b)）	数值型（整型、实数型等）	数值型（整型、实数型等）	x+=y+5	15
	减赋值	−=	a−=b（相当于 a=a−(b)）			x−=y+5	−1
	除赋值	/=	a/=b（相当于 a=a/(b)）			x/=y+5	0
	乘赋值	*=	a*=b（相当于 a=a*(b)）			x*=y+5	56
	模赋值	%=	a%=b（相当于 a=a%(b)）	整　型	整　型	x%=y+5	7
	位与赋值	&=	a&=b（相当于 a=a&b）	整型或字符型	整型或字符型	x&=y+5	0
	位或赋值	|=	a|=b（相当于 a=a|b）			x|=y+5	15
	右移赋值	>>=	a>>=b（相当于 a=a>>b）			x>>=2	1
	左移赋值	<<=	a<<=b（相当于 a=a<<b）			x<<=2	28
	异或赋值	^=	a^=b（相当于 a=a^b）			x^=y+5	15

赋值运算符的优先级与结合性如下：

（1）优先级：在 C#中，所有赋值和自反赋值运算符的优先级都是一样的，比所有其他运算符的优先级都低，是优先级最低的运算符。

（2）结合性：赋值和自反赋值运算符的结合性是自右向左。

7. 条件运算符与条件表达式

条件运算符是 C#中唯一的一个三目运算符，它由"?"和":"两个符号组成，它的三个对象都是表达式。其一般形式如下：

　　表达式 1?表达式 2:表达式 3

条件运算符的优先级和结合性如下：

（1）优先级：仅高于赋值运算符。

（2）结合性：自右向左。

例如，有如下程序段：

　　x=5;y=8;

m=x>y?x:y;

由于 x>y 的值为 false，故条件表达式的值为 y，即 8，把 8 赋给 m，m 的值为 8。

8. 其他运算符（表2.8）

表 2.8　C#中的其他运算符

名　称	符　号	描　述
对象创建	new	创建对象和调用对象的构造函数
类型信息	is	检查操作数或表达式是否为指定类型
	sizeof	获得值类型的长度
	typeof	获取系统命名空间中的数据类型
溢出检查	checked	进行整数类型数据运算和类型转换时的溢出检查
	unchecked	取消对整数类型数据运算和类型转换时的溢出检查

为加深印象，现将 C#中运算符的优先级与结合性进行总结，如表2.9所示。

表 2.9　C#中运算符的优先级与结合性

类　别	运算符	优先级	结合性
基　　本	()、.、f()、[]、new、checked、unchecked、typeof、sizeof、++、−−	1	
单　　目	+（正）、−（负）、!、~、++、−−、（T）x（类型转换）	2	自右向左
乘　　除	*、/、%	3	自左向右
加　　减	+、−	4	自左向右
移　　位	<<、>>	5	自左向右
比　　较	>、>=、<、<=、is	6	自左向右
相　　等	==、!=	7	自左向右
位　　与	&	8	自左向右
位 异 或	^	9	自左向右
位　　或	|	10	自左向右
逻 辑 与	&&	11	自左向右
逻 辑 或	||	12	自左向右
条　　件	?:	13	自右向左
赋　　值	=、*=、/=、%=、+=、−=、<<=、>>=、&=、^=、|=	14	自右向左

2.4.2　教学案例

【案例 2.2】　编一个程序，实现如下功能：从键盘上输入三个数，然后使用三目运算符（?:）把最大的数找出来。

1. 案例分析

使用三目运算符可先比较出两个数的大小，然后把两个数中的较大者和第三个数进行比较，便可得出结果。

2. 操作步骤

（1）定义 4 个浮点型变量 x，y，z，temp。

（2）分别用 x，y，z 接受输入。

（3）使用三目运算符比较 x 和 y 的大小。

（4）将 x 和 y 中的较大者存入 temp 变量。

（5）将 temp 和 z 比较，得出最大值。

3. 程序源代码

```
using System;
public class Test
{
    static void Main()
    {
        float x,y,z,temp;
Console.Write("请输入一个实数:");
x=float.Parse(Console.ReadLine());
Console.Write("请输入一个实数:");
y=float.Parse(Console.ReadLine());
Console.Write("请输入一个实数:");
z=float.Parse(Console.ReadLine());
temp=x>=y?x:y;
temp=temp>=z? temp:z;
        Console.WriteLine("最大数为:{0}", temp);
}
```

4. 程序运行结果（图 2.3）

图 2.3　运行结果界面

2.4.3 案例练习

【练习 2.2】 编写一个程序，实现如下功能：

（1）输入一个字符，如果是大写字母，就转换成小写字母，否则不转换。

（2）输入一个字符，判定它是什么类型的字符（大写字母、小写字母、数字或者其他字符）。

2.5 程序流程控制

2.5.1 知识点

1. 选择结构

C#提供了三种类型的选择结构。选择语句可以根据条件是否成立，或根据表达式的值控制代码的执行分支。C#有两个基本分支代码的结构：if选择结构，测试特定条件是否满足，在条件为真时，执行操作，否则跳过操作；switch 语句，比较表达式和许多不同的值，根据表达式的值进行特定处理。

1）if 结构

if 结构称为单选择结构。C#继承了 C 和 C++的 if 结构。其语法格式很直观，如下所示：

```
if （条件）
    {
      //将执行的语句或语句块
    }
```

如果指定的条件成立，则执行大括号里的语句，否则跳过该语句继续执行。在上面的 if 语句的条件判断中，会用到比较值的 C#运算符。这里要注意，与 C/C++一样，C#里使用 "=="对变量进行比较，而不能使用 "="，因为 "="用于赋值。如果在条件中要执行多条语句，可以将这多条语句用花括号({ })组合为一个语句块。这也适用于其他可以将语句组合成语句块的结构。

2）if-else 结构

if-else 结构也是用于分支结构设计的，和 if 结构相比，它多了对指定条件不满足的处理代码，即 else 语句后的代码或代码块。该结构的语法格式如下：

```
if （条件）
    {语句或语句块}
else
    {语句或语句块}
```

可以看到，代码对两种情况（条件是否成立）都作了判断。

注意：对于 if 语句，如果条件分支中只有一条语句，可以不用花括号，但是为了保持一致，许多程序员只要使用 if 语句，就会加上花括号。else 后的语句就是在 if 指定条件不成立的情况下的处理代码。

3）多重 if 结构

通过对前两种选择结构的学习，我们会发现，不管是哪种类型的选择结构，都只能对一个条件进行判断。如果判断的条件不只一个，该如何解决？

对多个条件的判断，可以用多重 if 结构来解决。该结构的语法格式如下：

```
if （条件 1）                    //判断条件 1 是否成立
    {语句或语句块}               //条件 1 成立的处理语句
else if （条件 2）              //条件 1 不成立的情况下，判断条件 2 是否成立
    {语句或语句块}               //条件 2 成立的处理语句
else
    {语句或语句块}               //所有条件都不成立的处理语句
```

4）嵌套 if 结构

首先看下面预订机票的例子。假设机票原价是 2 000 元，根据用户输入的出行季节以及选择的是头等舱还是经济舱，折扣不同：5～10 月为旺季，头等舱打 9 折，经济舱打 7.5 折；其他时间为淡季，头等舱打 6 折，经济舱打 3 折。

在这个例子中，一次订票过程会有两次判断：一是对出行季节的判断，二是对选择舱位的判断。这就要用到嵌套 if 结构，即在 if 判断里面又嵌入 if 判断块。嵌套 if 结构的语法格式如下：

```
if(表达式 1)
{
    if(表达式 2)
    {
        // 表达式 2 为真时的处理语句
    }
    else
    {
        // 表达式 2 为假时的处理语句
    }
}
else
{
    //表达式 1 为假时的处理语句
}
```

5）多路选择结构（switch-case 语句）

switch-case 语句适合从一组互斥的分支中选择一个执行。其形式是 switch 语句后面跟一组 case 子句。如果 switch 参数中表达式的值等于某个 case 子句旁边的某个值，就执行该 case

子句的代码。此时不需要使用花括号把语句组合到语句块中，只需要在每个 case 语句的结尾使用 break 标记表示结束。也可以在 switch 语句中包含一个 default 语句，如果表达式不等于任何 case 子句的值，就执行 default 子句的代码。其基本语法格式如下：

```
switch (int/char/string 表达式)
{
    case 常量表达式 1:
            语句 1;
            break;  //必须有
    case 常量表达式 2:
            语句 2;
            break;  //必须有
    ……
    default:
            语句 n;
            break;  //必须有
}
```

在 C#中，switch 语句的一个有趣的现象是 case 语句的排放顺序是无关的，甚至可以把 default 语句放在最前面。

在 C#中使用 switch 结构应注意以下事项：

➢ 条件判断的表达式类型可以是整型或字符串，这是与 C++里的 switch 语句的一个不同之处。在 C++里，不允许用字符串作测试变量。

➢ 每个 case 子句都有 break 标记。

➢ default 子句也要有 break 标记。

➢ case 子句中没有其他语句时，可以没有 break 语句，程序则执行下一个 case 子句。

2. 循环结构

C#提供了 4 种循环机制：for、while、do-while 和 foreach。

1）while 语句

while 语句的作用是执行一个语句，直到指定的条件为 false。换句话说，当指定条件成立时，程序会重复执行循环体里的语句。根据 while 语句的作用，可将其比作现实生活中的检票员。不管我们是去看电影还是去游乐场，都要检票进入。检票员的工作就是循环检票，不到最后一个观众或游客，不遇到意外情况，就会不停检票放行。while 语句的语法格式如下：

```
while(条件)
    { 语句或语句块 }
```

while 语句在循环的每次迭代前检查布尔表达式。如果条件是 true，则执行循环；如果条件是 false，则该循环永远不执行。while 语句一般用于一些简单重复的工作，这也是计算机所擅长的。另外和将要讲到的 for 语句相比，while 语句可以处理事先不知道要重复多少次的循环。

2）do-while 语句

do-while 语句重复执行{}内的语句或语句块，直到指定的表达式计算为 false。与 while 语句不同的是，do-while 循环会在计算条件表达式之前执行一次。do-while 语句的语法格式如下：

do ﹛ 语句或语句块 ﹜ while(条件)；

3）for 语句

for 语句是在已知循环次数的情况下，进行循环操作的语句。它的语法格式如下：

```
for(初始化;条件；迭代)
{
语句或语句块
}
```

初始化（initialization）通常是一个赋值语句，设置循环控制变量的初值。循环控制变量作为控制循环的计数器。条件（condition）是表达式，决定是否重复进行循环。迭代（iteration）表达式定义了每次循环重复时循环控制变量将要变化的量。这三个循环的主要部分必须要用分号分隔。只要条件为 true，for 循环就会继续执行。一旦条件为 false，就退出循环，程序从 for 的下一条语句处继续执行。

4）foreach 语句

foreach 语句是 C#语言新引入的语句，在 C 和 C++中没有这个语句，它借用了 Visual Basic 中的 foreach 语句。该语句的格式为：

foreach(类型 变量名 in 表达式) 循环语句

其中，表达式必须是一个数组或其他集合类型。每一次循环从数组或其他集合中逐一取出数据，赋值给指定类型的变量。该变量可以在循环语句中使用、处理，但不允许修改变量。该变量的指定类型必须和表达式所代表的数组或其他集合中的数据类型一致。例如：

```
using System;
class Test()
{
    public static void Main()
     {
     int[] list={10,20,30,40};//数组
     foreach(int m in list)
     Console.WriteLine("{0}",m);
     }
}
```

对于一维数组，foreach 语句循环顺序是从下标为 0 的元素开始，一直到数组的最后一个元素。对于多维数组，元素下标的递增是从最右边那一维开始的。同样，break 和 continue 可以出现在 foreach 语句中，功能不变。

2.5.2 教学案例

【**案例 2.3**】 编写一个 Windows 应用程序，实现如下功能：从键盘上输入一个值，如果这个值在闭区间[0,100]里，则加上 1000，否则不加。最后使用消息框输出结果。

1. 案例分析

首先用 if 语句判断输入的这个数字是否在 0～100 的范围内，如果在则加上 1 000，否则不加。

2. 操作步骤

（1）定义两个浮点变量 f 和 g。
（2）用变量 f 来存储用户输入的实数变量。
（3）判断输入的实数是否在 0～100 范围内。
（4）如果在 0～100 范围内，则加 100，否则直接输出。

3. 程序源代码

```
using System;
using System.Windows.Forms;

namespace Teach
{
    public partial class Form1 : Form
    {
        public Form1()
        {
            InitializeComponent();
        }

        private void btnConfirm_Click(object sender, EventArgs e)
        {
            float f, g;
            f = float.Parse(txtNum.Text);
            if (f >= 0 && f <= 100)
            {
                g = f + 1000;
                MessageBox.Show(f.ToString()+"在 0-100 之间，最后结果为"+g.ToString());
            }
```

```
            else
                MessageBox.Show(f.ToString() + "不在 0-100 之间");
        }
    }
}
```

4. 程序运行结果（图 2.4）

图 2.4　运行结果界面

【**案例 2.4**】　编写一个 Windows 程序，打印出所有的"水仙花数"。所谓"水仙花数"，是指一个三位数，其各位数字立方和等于该数本身。例如，$153=1 \times 1 \times 1 + 5 \times 5 \times 5 + 3 \times 3 \times 3$，所以 153 是"水仙花数"。

1. 案例分析

首先，"水仙花数"指的是一个三位数，所以这类数的范围就是 100～999。其次，要找出"水仙花数"，就需要对 100～999 中的数一个一个地验证，符合条件的则输出，不符合条件的则跳过，继续检查下一个数。

2. 操作步骤

（1）定义四个整数变量 a，i，j，k。其中，a 用来循环，j 为百位，k 为十位，i 为个位。

（2）利用循环语句检查 100～999 的数字。

（3）利用模运算（%）来分别取出数字的百位、十位和个位。

（4）用"水仙花数"的判断规则来检验，符合规则则输出，不符合规则则跳过。

3. 程序源代码

```
using System;
using System.Windows.Forms;
namespace Teach
```

```
{
    public partial class Form1 : Form
    {
        public Form1()
        {
            InitializeComponent();
        }

        private void btnConfirm_Click(object sender, EventArgs e)
        {
            int a, i, j, k;
            lblResult.Text = "1000 以内的水仙花数分别有:";
            for (a = 100; a <= 999; a++)
            {
             i = a % 10;
             k = a / 100;
             j = a % 100 / 10;
             if (a == Math.Pow(i, 3) + Math.Pow(j, 3) + Math.Pow(k, 3))
                {
                            lblResult.Text += a.ToString()+"  ";
                }

            }
        }
    }
}
```

4. 程序运行结果（图 2.5）

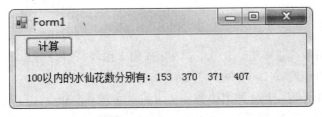

图 2.5　运行结果界面

2.5.3　案例练习

【练习 2.3】　　（1）编写一个 Windows 程序，计算 1+(1+2)+(1+2+3)+…+(1+2+3+…+10)。
（2）编写一个 Windows 程序，实现如下功能：输入 2 个正整数，求出它们的最大公约数。

2.6 异常处理

2.6.1 知识点

在编写程序时，不仅要关心程序的正常操作，还应该考虑到程序运行时可能发生的各类不可预期的事件，比如用户输入错误、内存不够、磁盘出错、网络资源不可用、数据库无法使用等。所有这些错误被称作异常。各种程序设计语言经常采用异常处理语句来解决这类异常问题。

C#提供了一种处理系统级错误和应用程序级错误的结构化的、统一的、类型安全的方法。C#异常语句包含 try 子句、catch 子句和 finally 子句。try 子句中包含可能产生异常的语句，该子句自动捕捉执行这些语句过程中发生的异常。catch 子句中包含了对不同异常的处理代码，可以包含多个 catch 子句。每个 catch 子句中包含了一个异常类型，这个异常类型必须是 System.Exception 类或它的派生类引用变量，该语句只捕捉该类型的异常。可以有一个通用异常类型的 catch 子句，该 catch 子句一般在事先不能确定会发生什么样的异常的情况下使用，也就是可以捕捉任意类型的异常。一个异常语句中只能有一个通用异常类型的 catch 子句，而且如果有的话，该 catch 子句必须排在其他 catch 子句的后面。无论是否产生异常，子句 finally 一定被执行。在 finally 子句中可以增加一些必须执行的语句。

异常语句捕捉和处理异常的机理是：当 try 子句中的代码产生异常时，按照 catch 子句的顺序查找异常类型。如果找到，执行该 catch 子句中的异常处理语句。如果没有找到，执行通用异常类型的 catch 子句中的异常处理语句。由于异常的处理是按照 catch 子句出现的顺序逐一检查 catch 子句，因此 catch 子句出现的顺序是很重要的。无论是否产生异常，一定执行 finally 子句中的语句。异常语句中不必一定包含这三个子句，因此异常语句可以有以下三种可能的形式：

① try-catch 语句，可以有多个 catch 语句。
② try-finally 语句。
③ try-catch-finally 语句，可以有多个 catch 语句。

2.6.2 教学案例

【案例 2.5】 编写一个打开某 txt 文件（文件位于 d:\csarp\test.txt）的程序，要求捕获该程序的异常并处理它。

1. 案例分析

打开指定路径的文件可能会产生的错误有：① 没有指定的目录；② 没有指定的文件；③ 文件读取失败。这些错误是可以预见的，故而我们可以使用异常处理语句来处理它们。

2. 操作步骤

（1）读取位于 d:\csarp\test.txt 的文件 text.txt。
（2）使用异常处理语句处理"文件读取失败"异常。

（3）使用异常处理语句处理"指定目录不存在"异常。

（4）使用异常处理语句处理"文件不存在"异常。

（5）在 finally 中关闭文件，保证程序正常运行。

3. 程序源代码

```
using System.IO                        //使用文件必须引用的名字空间
public class Example
{
    public static void Main()
    {
        StreamReader sr=null;          //必须赋初值null,否则编译不能通过
        try
        { sr=File.OpenText("d:\\csarp\\test.txt"); //可能产生异常
            string s;
            while(sr.Peek()!=-1)
            { s=sr.ReadLine();                      //可能产生异常
                Console.WriteLine(s);
            }
        }
        catch(DirectoryNotFoundException e)         //无指定目录异常
        { Console.WriteLine(e.Message);
        }
        catch(FileNotFoundException e)              //无指定文件异常
        { Console.WriteLine("文件"+e.FileName+"未被发现");
        }
        catch(Exception e)                          //其他所有异常
        { Console.WriteLine("处理失败：{0}",e.Message);
        }
        finally
        {   if(sr!=null)
                sr.Close();
        }
    }
}
```

2.6.3 案例练习

【练习 2.4】 编写程序，捕获除数为 0 的异常（异常类为 DivideByZeroException），并处理它。

46

【本章小结】

本章以 C#语言的语言元素、变量、数据类型、运算符与表达式及程序流程控制为主线，对 C#语言的基本语法知识进行了系统的介绍，为以后的学习打下基础。

【课后习题】

（1）编写一个 Windows 程序，要求用户用两个文本框(TextBox)输入两个数，并将它们的和、差、积、商显示在标签上。

（2）编写一个应用程序，输入以摄氏度为单位的温度，输出以华氏度为单位的温度。摄氏温度转化为华氏温度的公式为：$F=1.8 \times C+32$。

（3）一个计算机商店销售软磁盘，对于少量的购买，每张 2.5 元。采购量超过 100 张时，每张盘 2 元。编写程序，要求输入采购的数量，并显示总价格。

（4）编程解决以下储蓄账户问题：存 15 000 元到一个储蓄账户，利息为 5%。在每年年终时从账户中取出 1 000 元，大约需要多少年这个储蓄账户被取空？注意：如果某年年终时，余额是 1 000 元或更少，那么该笔余额就构成最后一笔存款，并且账户将被取空。

【上机实训】

（1）被称为"身体质量指数"（BMI）的量用来评价与体重有关的健康问题的危险程度。BMI 按下面的公式计算：$BMI=W/H^2$。其中 W 是以千克为单位的体重，H 是以米为单位的身高。BMI 值为 20～25 时被认为是"正常的"。请编写一个 Windows 程序，输入体重和身高并输出 BMI 值。

（2）编写一个程序，输入一个正整数，并做以下运算：如果为偶数，除以 2；如果为奇数，乘 3 加 1，再将得到的结果按上述要求运算，直到最后的结果为 1。最后给出经过了多少次这样的计算才得到数 1。

第 3 章　面向对象程序设计

【学习目标】

☞ 掌握类和对象的创建方法；
☞ 掌握属性的创建方法；
☞ 掌握构造函数的创建方法；
☞ 区分类和对象；
☞ 区分字段和属性；
☞ 掌握静态成员和实例成员的创建方法。

【知识要点】

📖 创建和使用类；
📖 定义和使用属性；
📖 定义和使用构造函数；
📖 成员访问修饰符的使用。

3.1　面向对象程序设计的基本概念

面向对象的概念从问世到现在，已经发展成为一种相对成熟的编程思想，并且逐步成为软件开发领域的主流技术。面向对象的程序设计(Object-Oriented Programming，OOP)旨在创建软件重用代码，具备更好的模拟现实世界环境的能力，这使它被公认为是自上而下编程的最佳选择。它通过给程序中加入扩展语句，把函数"封装"进编程所必需的"对象"中。面向对象的编程语言使得复杂的工作条理清晰。有人说说面向对象是一场革命，这不是针对对象本身而言的，而是针对它们处理工作的能力而言的。

什么叫面向对象？它是一种以对象为基础，以事件或消息来驱动对象执行处理的程序设计技术。从程序设计方法上来讲，它是一种自下而上的程序设计方法，它不像面向过程程序设计那样一开始就需要使用一个主函数来概括出整个程序。面向对象程序设计往往从问题的一部分着手，一点一点地构建出整个程序。面向对象设计是以数据为中心，使用类作为表现数据的工具，类是划分程序的基本单位。而函数在面向对象设计中成了类的接口。以数据为中心而不是以功能为中心来描述系统，相对来讲，更能使程序具有稳定性。它将数据和对数据的操作封装到一起，作为一个整体进行处理，并且采用数据抽象和信息隐藏技术，最终将其抽象成一种新的数据类型——类。

类与类之间的联系以及类的重用产生了类的继承、多态等特性。类的集成度越高，越适合大型应用程序的开发。另外，面向对象程序的控制流程运行时是由事件进行驱动的，而不再按预定的顺序进行执行。事件驱动程序的执行围绕消息的产生与处理，靠消息的循环机制来实现。更加重要的是，我们可以利用不断成熟的各种框架，比如.NET 的.NET Framework 等。在实际的编程过程中，使用这些框架能够迅速地将程序构建起来。面向对象的程序设计方法还能够使程序的结构清晰简单，能够大大提高代码的重用性，有效地减少程序的维护量，提高软件的开发效率。

在结构上，面向对象程序设计和结构化程序设计也有很大的不同。结构化程序设计首先应该确定的是程序的流程怎样走，函数间的调用关系怎样，也就是函数间的依赖关系是什么。一个主函数依赖于其子函数，这些子函数又依赖于更小的子函数。而在程序中，小的函数处理的往往是细节的实现，这些具体的实现又常常变化。这样的结果，就使程序的核心逻辑依赖于外延的细节，使程序中本来应该是比较稳定的核心逻辑，也因为依赖于易变化的部分，而变得不稳定起来，即一个细节上的小小改动，也有可能在依赖关系上引发一系列变动。可以说这种依赖关系也是过程式设计不能很好地处理变化的原因之一。而一个合理的依赖关系，应该是倒过来的，即细节的实现依赖于核心逻辑。而面向对象程序设计是由类的定义和类的使用两部分组成的，主程序中定义数个对象并规定它们之间消息传递的方式，程序中的一切操作都是通过面向对象的发送消息机制来实现的。对象接收到消息后，启动消息处理函数完成相应的操作。

这里以常见的学生管理系统为例进行说明。我们使用结构化程序设计方法的时候，首先在主函数中确定学生管理要做哪些事情，并使用函数分别将这些事情表示出来，使用一个分支选择程序进行选择，然后再将这些函数进行细化实现，确定调用的流程等。而使用面向对象技术来实现学生管理系统，对于该系统中的学生，则先要定义学生的主要属性（比如学号、院系等），以及要对学生做什么操作（比如查询学生信息、修改学生信息等），并且把这些当成一个整体进行对待，形成一个类，即学生类。使用这个类，我们可以创建不同的学生实例，也就是创建许多具体的学生模型：每个学生拥有不同的学号，一些学生会在不同的院系。学生类中的数据和操作都是给应用程序共享的，我们可以在学生类的基础上派生出中文系学生类、计算机系学生类、金融系学生类等，这样就可以实现代码的重用。

3.2 对象与类

3.2.1 知识点

1. 对象与类的概念

1）对　象

对象（Object）是面向对象（Object-Oriented，OO）系统的基本构造块，是一些相关变量和方法的软件集。对象经常用于建立现实世界中的一些事物的模型。对象是理解面向对象技术的关键。

在现实生活中，我们可以认为万物皆是对象。根据《韦氏大词典》（*Merriam-Webster's Collegiate Dictionary*），对象有如下两条释义：

> 某种可为人感知的事物；
> 思维、感觉或动作所能作用的物质或精神体。

第一条释义，"某种可为人感知的事物"，指的便是我们熟悉的"物理对象"。它是可以看到或感知到的"东西"，而且可以占据一定事物的空间。以学生管理系统为例，围绕学生管理这个概念应该有下列物理对象：

> 被管理的信息所属的学生；
> 对学生信息进行管理的管理员；
> 对学生信息有权进行查询的校方人员；
> 管理信息的计算机，以及需要在计算机中存储的学生信息。

我们也许还能列举出更多的对象，但它们并不都是所要创建的学生管理系统所必需的。

第二条释义，"思维、感觉或动作所能作用的物质或精神体"，就是我们所说的"概念性对象"。以学生管理系统为例，可以列举出如下一些：

> 学生所在的院系；
> 学生的学号；
> 学生的班级；
> 学生的成绩。

在这里还可以列举出不少这样的概念性对象。这些对象是人们不能看到或听到的，但是在描述抽象模型和物理对象时，它们仍然起着很重要的作用。

软件对象可以这样定义：所谓软件对象，是一种将状态和行为有机地结合起来而形成的软件构造模型，它可以用来描述现实世界中的一个对象。

也就是说，软件对象实际上就是现实世界对象的模型，它有状态和行为。一个软件对象可以利用一个或者多个变量来标识它的状态。变量是由用户标识符来命名的数据项。软件对象可以利用它的方法来执行它的行为。方法是与对象相关联的函数(子程序)。

我们可以利用软件对象来代表现实世界中的对象。例如，用一个飞行试驾程序来代表现实世界中正在飞行的飞机，或者用机床数控程序来代表现实世界中运行的机床。同样也可以使用软件对象来表示抽象的概念，比如，点击按钮事件就是一个用在 GUI 窗口系统的公共对象，它可以代表用户点击程序界面中确定按钮的动作。

2）类

类（Class）是具有相同属性和操作的一组对象的组合。也就是说，抽象模型中的"类"描述了一组相似对象的共同特征，为属于该类的全部对象提供了统一的抽象描述。例如，名为"学生"的类描述了被学生管理系统管理的所有学生。

类的定义要包含以下要素：

> 定义该类对象的数据结构(属性的名称和类型)；
> 类的对象在系统中所需要执行的各种操作，比如对数据库的操作。

类是对象集合的再抽象,类与对象的关系如同一个模具和使用这个模具浇注出来的铸件：类是创建软件对象的模板——一种模型。类给出了属于该类的全部对象的抽象定义，而对象是符合这种定义的一个实体。类的用途有如下两个：

> 在内存中开辟一个数据区，存储新对象的属性；
> 把一系列行为和对象关联起来。

一个对象又被称作类的一个实例，也称为实例化（Instantiation）。术语"实例化"是指对象在类声明的基础上创建的过程。比如，我们声明了一个"学生"类，便可以在这个基础上创建"一个名叫李刚的学生"这个对象。

类的确定和划分没有一个统一的标准和方法，基本上依赖于设计人员的经验、技巧以及对实际项目中问题的把握。通常的标准是"寻求共性、抓住特性"，即在一个大的系统环境中，寻求事物的共性，将具有共性的事物用一个类进行表述，在用具体的程序实现时，具体到某一个对象，要抓住对象的特性。确定一个类的步骤通常包含以下几方面：

（1）确定系统的范围，如学生管理系统，需要确定与学生管理相关的内容。

（2）在系统范围内寻找对象，该对象通常包含一个或多个类似的事物。比如，在学生管理系统中，某院系有一个名叫李刚的学生，而另一个院系名叫王芳的学生是和李刚类似的，都是学生。

（3）将对象抽象成为一个类，按照上面类的定义，确定类的数据和操作。

在面向对象程序设计中，类和对象的确定非常重要，是软件开发的第一步，直接影响到软件的质量。如果类的划分得当，对于软件的维护与扩充以及体现软件的重用性，都非常有利。

2. 类的声明与 System.object 类

类是面向对象编程的基本单位，是一种包含数据成员、函数成员和嵌套类型的数据结构。类的数据成员有常量、域和事件。函数成员包括方法、属性、索引指示器、运算符、构造函数和析构函数。类和结构同样都包含了自己的成员，但它们之间最主要的区别在于：类是引用类型，而结构是值类型。

类支持继承机制。通过继承，派生类可以扩展基类的数据成员和函数方法，进而达到代码重用和设计重用的目的。

下面请看类的定义：

```
class PhoneBook
{
   private string name;
   private string phone;
   private struct address{
   public string city;
   public string street;
   public uint no;
   }
   public string Phone{
     get{
          return phone;
     }
```

```
        set{
            phone=value;
        }
    public PhoneBook(string n){
        name=n;
    }
    public Edit()
    {;}
}
```

上面定义了 PhoneBook 这个类，其数据成员有域 name、phone、address，属性 Phone；类的函数成员有构造函数 PhoneBook（string n），方法 Edit。

如果对某个类定义了一个变量，我们称之为类的一个实例。

下面介绍经常用到的类：object 类。

object 类是所有其他类型的基类，C#中的所有类型都直接或间接地从 object 类中继承。因此，对一个 object 的变量可以赋予任何类型的值：

```
int x=25;
object obj1;
obj1=x;
object obj2='A';
```

对 object 类型的变量声明采用 object 关键字，这个关键字是在.NET 框架结构为我们提供的预定义的名字空间 System 中定义的，是类 System.Object 的别名。

3. 对象的实例化

我们定义了一个类后，就必须实例化才能使用。实例化就是创建一个对象的过程。在 C# 中，我们使用 new 关键字来实例化类。

看看下面的语法：

        类 对象=new 类（）；

即   class object=new class（）；

这样就生成了一个对象。

比如有一个类叫作汽车，宝马汽车是该类的一个对象，就有：

        汽车 宝马=new 汽车

奔驰汽车也是该类的一个对象，就有：

        汽车 奔驰=new 汽车

它们都有四个轮子、一个方向盘，还有发动机和车门，即它们都是汽车一类的东西。

C#作为面向对象的语言，就其本质而言，就是由无数个类来组成的。类与类之间有关系，这种关系我们会在后面学习到。

其实，我们所熟悉的数据类型"string"也是一个类。申明一个字符串变量，就是实例化一个 string 类。

4. 类成员

在 C#中，类包含若干个成员，如字段、属性、方法、事件等。这些成员能够彼此协调地用于对象的深入描述。

1）字段

"字段"是包含在类中的对象的值。字段使类可以封装数据。字段的存储可以满足类设计中所需要的描述。例如，Animal 类中的字段 color，是用来描述动物的颜色。当然，Animal 的特性不只是颜色，可以声明多个字段描述 Animal 类的对象。示例代码如下：

```
class Animal
{
    public string color;            //声明颜色字段
    public bool haveFeather;        //声明是否含有羽毛字段
    public int age;                 //声明年龄字段
}
```

上述代码中，对 Animal 类声明了另外两个字段，用来描述是否有羽毛和年龄。当需要访问该类的字段时，需要声明对象，并使用点操作符"."实现。Visual Studio 2008 中对"."操作符有智能提示功能。示例代码如下：

```
Animal bird = new Animal();     //创建对象
bird.haveFeather = true;        //鸟有羽毛
bird.color = "black";           //这是一只黑色的鸟
```

2）属　性

C#中，属性是类中可以像类的字段一样访问的方法。属性可以为字段提供保护，避免字段在用户创建的对象不知情的情况下被更改。属性机制非常灵活，提供了读取、编写或计算私有字段的值，可以像公共数据成员一样使用属性。

在 C#中，它们被称为"访问器"，为 C#应用程序中类的成员的访问提供安全性保障。当一个字段的权限为私有（private）时，不能通过对象的"."操作符来访问，但是可以通过"访问器"来访问。示例代码如下：

```
public class Animal
{
    private int _age;                      //定义私有变量
    public int Age { get { return _age; }
                     set { _age = value; } }   //赋值属性
}
```

上述代码中为 Animal 类声明了一个属性 Age，在主程序中，同样可以通过"."操作符来访问属性。示例代码如下：

```
Animal bird = new Animal();            //创建对象
```

```
        bird.Age = 1;                          //Age 访问了_age
```

在 Visual Studio 2008 中，属性的声明被简化，不再需要冗长的声明。示例代码如下：

```
        public class Animal               //创建类
        {
        public int Age { get; set; }      //简便的属性编写
        }
```

3）方 法

方法用来执行类的操作，是一段小的代码块。在 C#中，方法接收输入的数据参数，并通过参数执行函数体，返回所需的函数值。方法的语法格式如下：

```
        私有级别 返回类型 方法名称(参数 1，参数 2)
        {
            方法代码块
        }
```

方法在类中声明。对方法的声明，需要指定访问级别、返回值、方法名称以及任何必要的参数。参数在方法名称后的括号中，多个参数用逗号分隔。空括号表示无参数。示例代码如下：

```
        public string output()                        //一个无参数传递的方法
        {
            return "没有任何参数";                      //返回字符串值
        }
        public string out_put(string output)          //一个有参数传递的方法
        {
            return output;                             //返回参数的值
        }
```

上述代码中，创建了两个方法：一个无参数传递的方法 output 和一个有参数传递的方法 out_put。在主函数中可以调用该方法，调用代码如下：

```
        Animal bird = new Animal();               //创建对象
        bird.out_put();                           //使用无参数传递的方法
        string str = "我是一只鸟";                 //创建字符串用于参数传递
        bird.out_put(str);                        //使用有参数传递的方法
```

上述代码中，主函数调用了一个方法 out_put，并传递了参数"我是一只鸟"。在使用类中的方法前，将"我是一只鸟"赋值给变量 str，传递给 out_put 函数。在上述代码中，"我是一只鸟"或者 str 都可以作为参数。

在应用程序开发中，方法和方法之间也可以互相传递参数。一个方法可以作为另一个方法的参数，方法的参数还可以作为另一个方法的返回值。示例代码如下：

```
        public string output()              //一个无参数传递的方法
        {
            return "没有任何参数";            //返回字符串
```

```
        }
    public string out_put()                    //使用其他方法返回值的方法
    {
        string str = output();                 //使用另一个方法的返回值
        return str;                            //返回方法的返回值
    }
```

上述代码中，out_put 使用了 output 方法，output 方法返回一个字符串"没有任何参数"。在 out_put 方法中，使用了 output 方法，并将 output 方法的返回值赋给 str 局部变量，并返回局部变量。

在方法的编写中，方法和方法之间可以使用同一个变量而互不影响，因为方法内部的变量是局部变量。示例代码如下：

```
    public string output()                     //一个无参数传递的方法
    {
        string str = "没有任何参数";            //声明局部变量 str
        return str;                            //使用局部变量 str
    }
    public string out_put()                    //一个无参数传递的方法
    {
        string str = "还是没有任何参数";         //声明局部变量 str
        return str;                            //使用局部变量 str
    }
```

上述代码中，output 和 out_put 方法都没有任何参数，但是使用了同一个变量 str。str 是局部变量，其作用范围（称作"作用域"）在该变量声明的方法内。创建了一个方法，就必须指定该方法是否有返回值。如果有返回值，则必须指定返回值的类型。示例代码如下：

```
    public int sum(int number1, int number2)     //必须返回 int 类型的值
    {
        return number1 + number2;                //返回一个 int 类型的值
    }
    public void newsum(int number1, int number2)  //void 表示无返回值
    {
        int sum = number1 + number2;             //没有返回值则不能返回值
    }
```

上述代码中，声明了两个方法，分别为 sum 和 newsum。sum 方法中，声明了该方法是公有的返回值为 int 的方法，而 newsum 方法是公有的无返回值的方法。

4）事件

事件是一个对象向其他对象提供有关事件发生的通知的一种方式。在 C#中，事件是使用委托来定义和触发的。类或对象可以通过事件向其他类或对象通知发生的相关事情。发送或引发事件的类称为"发行者"，接收或处理事件的类称为"订阅者"。例如在 Web Form 中双

击按钮的过程，就是一个事件。控件并不对过程进行描述，只负责通知一个事件是否发生。

事件在 C#中使用得非常频繁，如我们在设计界面中放置了一个按钮，要求单击这个按钮后系统弹出一个"你好"的对话框，就会使用到按钮的"单击"事件。代码如下：

```
private void button1_Click(object sender, EventArgs e)
    {
            MessageBox.Show("你好");
    }
```

上述代码中，我们对 button1 这个按钮的单击事件"button1_Click(object sender, EventArgs e)"进行了编程，点击这个按钮后会弹出"你好"的对话框。

5. 类成员访问控制

对于类的成员，不管是成员变量还是成员方法，都有一定的访问控制权限。访问控制权限限定了指定对象可以被访问的范围。类成员的访问控制符有 public、private、protected 和 default。

➤ public：用 public 修饰的成分是公有的，也就是它可以被其他任何对象访问（前提是对类成员所在的类有访问权限）。

➤ private：类中限定为 private 的成员只能被这个类本身访问，在类外不可见。

➤ protected：用 protected 修饰的成分是受保护的，只可以被同一类及其子类的实例对象访问。

➤ default：public、private、protected 这三个访问控制符不是必须写的，如果不写，则表明其访问控制权限是 default，相应的成分可以被所在的包（有关包的概念，后面会详细介绍）中各类访问。

对于变量及方法，其访问修饰符与访问能力之间的关系如表 3.1 所示。

表 3.1　访问修饰符与访问能力的关系

访问修饰符		private	default	protected	public
访问能力	同一类	可访问	可访问	可访问	可访问
	同一命名空间中的子类	不可访问	可访问	可访问	可访问
	同一命名空间中的非子类	不可访问	可访问	不可访问	可访问
	不同命名空间中的子类	不可访问	不可访问	可访问	可访问
	不同命名空间中的非子类	不可访问	不可访问	不可访问	可访问

6. this 关键字

C#中，关键字 this 只能用于方法内，而且只能用在非静态方法内。当一个对象被创建后，C#就会给这个对象分配一个引用自身的指针，这个指针的名字就是 this。this 关键字表示当前对象。什么是当前对象呢?谁在调用存在 this 关键字的方法，那么谁就是当前对象。

下面看一段代码：

```
class Person
```

```
        {
            private string name="XiaoWang";
            public Person()
            {

            }
            public void Output()
            {
                Console.WriteLine(this.name);
            }
        }
```

我们声明和定义了一个叫 Person 的类，在方法 Output()中,我们使用了 this 关键字。这里的 this 是什么意思呢？C#中 this 关键字引用当前对象实例的成员,即引用 Person 类的本身，进而使用 Person 类的 name 属性。实际上，我们也可以省略 this，直接引用 name，两者的语义相同。

3.2.2 教学案例

【案例 3.1】 编写一个 book 类，要求该类有字段 name、price、isbn，属性 Name、Price、Isbn 以及方法 Read、Buy、Sell。

1. 案例分析

本案例要求建立一个 book 类，具有 3 个字段和这 3 个字段所对应的属性以及 3 个方法。我们按照先编写字段再编写属性最后编写方法的顺序完成代码即可。

2. 操作步骤

（1）建立 book 类。
（2）完成字段 name、price、isbn。
（3）完成属性 Name、Price、Isbn。
（4）完成方法 Read、Buy、Sell。

3. 程序源代码

```
class book
    {
        private string name;
        private double price;
        private string isbn;
        public string Name
        {
```

```csharp
        get { return name; }
        set { this.name - value; }
    }
    public double Price
    {
        get { return price; }
        set { this.price = value; }
    }
    public string Isbn
    {
        get { return isbn; }
        set { this.isbn = value; }
    }
    public void Read()
    {
        Console.WriteLine("Read");
    }
    public void Buy()
    {
        Console.WriteLine("Buy");
    }
    public void Sell()
    {
        Console.WriteLine("Sell");
    }
}
```

3.2.3　案例练习

【**练习 3.1**】　建立鸟类(Brid),要求该类有字段 name、color、weight,属性 Name、Color、Weight 以及方法 Fly、Eat、Sleep。

3.3　类的构造函数与析构函数

3.3.1　知识点

作为比 C 语言更先进的语言, C#语言提供了更好的机制来增强程序的安全性。C#编译器具有严格的类型安全检查功能,它几乎能找出程序中所有的语法问题。这的确帮了程序员的大忙。但是程序通过了编译检查并不表示已经不存在错误了。在所有"错误"中，"语法错误"只能算是冰山一角。级别高的错误通常隐藏得很深，不容易发现。

根据经验，不少难以察觉的程序错误是由变量没有被正确初始化或清除造成的，而初始化和清除工作很容易被人遗忘。微软利用面向对象的概念在设计 C#语言时充分考虑了这个问题并很好地予以解决：把对象的初始化工作放在构造函数中，把清除工作放在析构函数中。当对象被创建时，构造函数自动执行。当对象消亡时，析构函数自动执行。这样就不用担心忘记对象的初始化和清除工作。

1. 构造函数

构造函数的名字不能随便取，因为它必须让编译器认得出才可以自动执行。它的命名方法既简单又合理：让构造函数与类同名。除了名字外，构造函数的另一个特别之处是没有返回值类型，这与返回值类型为 void 的函数不同。如果它有返回值类型，那么编译器将不知所措。在用户可以访问一个类的方法、属性或其他任何东西之前，第一条执行的语句是包含有相应类的构造函数。甚至用户自己不写一个构造函数，也会有一个缺省构造函数提供给用户。

```csharp
class TestClass
{
    public TestClass(): base() {} // C#自动提供
}
```

下面列举了几种类型的构造函数：

1）缺省构造函数

```csharp
class TestClass
{
    public TestClass(): base() {}
}
```

2）实例构造函数

实例构造函数是实现对类中实例进行初始化的方法成员。如：

```csharp
using System;
class Point
{
    public double x, y;
    public Point()
    {
        this.x = 0;
        this.y = 0;
    }
    public Point(double x, double y)
    {
```

```
        this.x = x;
        this.y = y;
      }
      ……
    }
    class Test
    {
      static void Main()
      {
        Point a = new Point();
        Point b = new Point(3, 4); // 用构造函数初始化对象
        ……
      }
    }
```

上述代码中，声明了一个类 Point，它提供了两个构造函数。它们是重载的。其中一个是没有参数的 Point 构造函数，另一个是有两个 double 参数的 Point 构造函数。如果类中没有提供这些构造函数，那么系统会自动提供一个缺省构造函数。但一旦类中提供了自定义的构造函数，如 Point()和 Point(double x, double y)，则缺省构造函数将不会被提供。这一点要注意。

3）静态构造函数

静态构造函数是实现对一个类进行初始化的方法成员。它一般用于对静态数据的初始化。静态构造函数不能有参数，不能有修饰符，而且不能被调用。当类被加载时，类的静态构造函数自动被调用。如：

```
    using System.Data;
    class Employee
    {
      private static DataSet ds;
      static Employee()
      {
        ds = new DataSet(…);
      }
      ……
    }
```

上述代码中，声明了一个有静态构造函数的类 Employee。注意静态构造函数只能对静态数据成员进行初始化，而不能对非静态数据成员进行初始化。但是，非静态构造函数既可以对静态数据成员赋值，也可以对非静态数据成员进行初始化。

如果类仅包含静态成员，用户可以创建一个 private 的构造函数：private TestClass() {…}。但是，private 意味着从类的外面不可能访问该构造函数。所以，它不能被调用，且没有对象可以被该类定义实例化。

2. 析构函数

析构函数是实现销毁一个类的实例的方法成员。析构函数不能有参数，不能有任何修饰符，而且不能被调用。由于析构函数的目的与构造函数的相反，就加前缀'~'以示区别。

虽然 C# 提供了一种新的内存管理机制——自动内存管理机制（Automatic memory management），资源的释放是可以通过"垃圾回收器"自动完成的，一般不需要用户干预，但在有些特殊情况下还是需要用到析构函数，如在 C# 中非托管资源的释放。

资源的释放一般是通过"垃圾回收器"自动完成的，但具体来说，仍有些需要注意的地方：

（1）值类型和引用类型的引用其实是不需要"垃圾回收器"来释放内存的，因为当它们出了作用域后会自动释放所占内存，这是因为它们都保存在栈（Stack）中。

（2）只有引用类型的引用所指向的对象实例才保存在堆（Heap）中，而堆因为是一个自由存储空间，所以它并不像"栈"那样有生存期（"栈"的元素弹出后就代表生存期结束，也就代表释放了内存）。并且要注意的是，"垃圾回收器"只对这块区域起作用。

然而，有些情况下，当需要释放非托管资源时，就必须通过写代码的方式来解决。通常是使用析构函数释放非托管资源，将用户自己编写的释放非托管资源的代码段放在析构函数中即可。需要注意的是，如果一个类中没有使用到非托管资源，那么一定不要定义析构函数，这是因为如果对象执行了析构函数，那么"垃圾回收器"在释放托管资源之前要先调用析构函数，然后第二次才真正释放托管资源，这样一来，两次删除动作的花销比一次大得多。下面使用一段代码来说明析构函数是如何使用的。

```
public class ResourceHolder
{
……
~ResourceHolder()
{
  // 这里是清理非托管资源的用户代码段
}
}
```

3.3.2 教学案例

【案例 3.2】 编写一个人类（Person 类），该类有字段 name、sex。要求 Person 类的构造函数有两个参数——name 和 sex，并且在构造函数中初始化字段 name、sex。最后在客户端实例化该类。

1. 案例分析

在构造函数中初始化字段是非常常见的一种编程方式。本案例中我们先编写 name 和 sex 字段，然后编写带 name 和 sex 两个参数的构造函数，并利用传入的 name 和 sex 参数对 name 和 sex 字段做初始化操作。值得注意的是，传入参数 name 和 sex 与字段 name 和 sex 是不一样的，它们一个是参数，一个是字段，只不过名字一样罢了。

2. 操作步骤

（1）定义私有变量 name。

（2）定义私有变量 sex。

（3）编写带参数 name 和 sex 的构造函数。

（4）在构造函数中利用传入的参数 name 和 sex 初始化字段 name 和 sex。

（5）编写 printName 和 printSex 方法输出两个字段。

（6）客户端调用实例化 Person 类并调用 printName 和 printSex 方法。

3. 程序源代码

1）Person 类

```
class Person
    {
        private string name;
        private string sex;
        public Person(string name, string sex)
        {
            this.name = name;
            this.sex = sex;
        }
        public void printName()
        {
            Console.WriteLine(this.name);
        }
        public void printSex()
        {
            Console.WriteLine(this.sex);
        }
    }
```

2）客户端

```
using System;
namespace Teach2
{
    class Program
    {
        static void Main(string[] args)
        {
            Person p = new Person("小王", "男");
```

```
            p.printName();
            p.printSex();
            Console.Read();
        }
    }
}
```

4. 程序运行结果（图 3.1）

图 3.1　程序运行结果

3.3.3　案例练习

【**练习 3.2**】　编写一个用户类（User 类），该类有字段 name、password。要求 User 类的构造函数有两个参数 name 和 password，并且在构造函数中初始化字段 name、password。最后在客户端实例化该类。

3.4　类构造函数的重载

3.4.1　知识点

在 C#语言中，同一个类中的函数，如果函数名相同，而参数的类型或个数不同，则认为它们是不同的函数，这叫作函数重载。如果它们仅返回值不同，则不能看作不同的函数。这样，可以在类中定义多个构造函数，它们名字相同，参数类型或个数不同，然后根据生成类的对象方法不同，可调用不同的构造函数。例如，Person 类有如下两种构造函数：

```
public Person()//类的构造函数，函数名和类同名，无返回值
{
    name="张三";
    age=12;
}
public Person(string Name,int Age)//构造函数，函数名和类同名，无返回值
{
    name=Name;
    age=Age;
}
```

用语句 Person OnePerson=new Person("李四",30)生成对象时，将调用有参数的构造函数，而用语句 Person OnePerson=new Person()生成对象时，调用无参数的构造函数。由于析构函数无参数，因此，析构函数不能重载。

3.4.2 教学案例

【案例 3.3】 编写程序，用类描述屏幕上的一个矩形。要求尝试给出两种不同的构造方法来实例化该矩形。例如，第一种构造函数给出矩形的 X，Y 坐标以及它的长和宽，第二种构造函数给出矩形的（X，Y）坐标点以及它的长和宽。

1. 案例分析

本案例本质上就是给出矩形的两种不同的构造函数以实现构造函数的重载。

2. 操作步骤

（1）定义类 rectangle。
（2）定义类成员 x，y，width，height。
（3）给出两种构造函数。

3. 程序源代码

```
using System;
class rectangle
{
    private int x;
    private int y;
    private int width;
    private int height;

    public rectangle(int myx,int myy,int mywidth,int myheight)
    {
        x=myx;
        y=myy;
        width=mywidth;
        height=myheight;
    }
    public rectangle(point mypoint,int mywidth,int myheight)
    {
        x=mypoint.X;
        y=mypoint.Y;
```

```
            width=mywidth;
            height=myheight;
    }
    public int X
    {
            set{x=value;}
            get{return x;}
    }
    public int Y
    {
            set{y=value;}
            get{return y;}
    }
    public int Height
    {
                set
            {
                if(value>0) height=value;
            }
            get{return height;}
    }
    public int Width
    {
            set
            {
                if(value>0)
                    width=value;
            }
            get{return width;}
    }
    public int Area
    {
            get{return width*height;}
    }
```

3.4.3　案例练习

【**练习 3.3**】　编写雇员类（Employee 类），要求重载构造函数，让 Employee 类具有两个以上的构造函数。

3.5 继承性

3.5.1 知识点

为了提高软件模块的可复用性和可扩充性，以便提高软件的开发效率，我们总是希望能够利用前人或自己以前的开发成果，同时又希望在自己的开发过程中有足够的灵活性，不拘泥于复用的模块。为此，C#这种完全面向对象的程序设计语言提供了两个重要的特性——继承性（inheritance）和多态性（polymorphism）。

继承性是面向对象程序设计的主要特征之一，它可以让用户重用代码，以此节省程序设计的时间。继承就是在类之间建立一种相交关系，使得新定义的派生类的实例可以继承已有的基类的特征和能力，而且可以加入新的特性或者是修改已有的特性建立起类的新层次。

现实世界中的许多实体之间不是相互孤立的，它们往往具有共同的特征，但也存在内在的差别。人们可以采用层次结构来描述这些实体之间的相似之处和不同之处。

图 3.2 反映了交通工具类的派生关系。最高层的实体往往具有最一般最普遍的特征，越下层的事物越具体，并且下层包含了上层的特征。它们之间的关系是基类与派生类之间的关系。

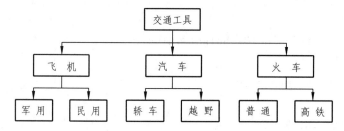

图 3.2　交通工具类的派生

为了用软件语言对现实世界中的层次结构进行模型化，面向对象的程序设计技术引入了继承的概念。一个类从另一个类派生出来时，派生类从基类那里继承特性。派生类也可以作为其他类的基类。从一个基类派生出来的多层类形成了类的层次结构。

注意： C#中，派生类只能从一个类中继承。这是因为，在 C#中，人们在大多数情况下不需要一个从多个类中派生的类。从多个基类中派生一个类往往会带来许多问题，从而抵消了这种灵活性带来的优势。

3.5.2　教学案例

【案例 3.4】　编写 Vehicle 类作为交通工具的基类（父类），然后编写轿车类 Car 来继承 Vehicle 类。（Vehicle 类有保护类成员属性 wheels，保护类成员属性 weight，公共方法 Speak。）

1. 案例分析

本案例是对继承知识的一个入门训练。首先编写交通工具基类 Vehicle，并写好成员属性 wheels 和 weight，然后编写构造函数，最后编写方法 Speak()。编写好后，再编写 Car 类来继承 Vehicle 类，从而完成整个案例的要求。注意：继承在 C#中使用的是 ":"。

2. 操作步骤

（1）编写 Vehicle 类。

（2）定义类成员 wheels，weight。

（3）编写构造函数。

（4）编写 Speak() 方法。

（5）编写 Car 类来继承 Vehicle 类。

3. 程序源代码

```
using System ;
class Vehicle                      //定义交通工具（汽车）类
{
protected int wheels ;             //公有成员：轮子个数
protected float weight ;           //保护成员：重量
public Vehicle( ){;}
public Vehicle(int w, float g){
wheels = w ;
weight = g ;
}
public void Speak( ){
Console.WriteLine（"交通工具的轮子个数是可以变化的！"）；
}
} ;

class Car:Vehicle //定义轿车类：从汽车类中继承
{
int passengers ; //私有成员：乘客数
public Car(int w , float g , int p) : base(w, g)
{
wheels = w ;
weight = g ;
passengers=p ;
}
}
```

3.5.3 案例练习

【练习 3.4】 编写 animal 类，然后编写 animal 的子类（如猫、狗、牛）。

67

3.6 多 态

3.6.1 知识点

1. 什么是多态?

"多态性"一词最早用于生物学,指同一种族的生物体具有相同的特性。在C#中,多态性的定义是:同一操作作用于不同的类的实例,不同的类将进行不同的解释,最后产生不同的执行结果。多态性通过派生类重载基类中的虚函数型方法来实现。

在面向对象的系统中,多态性是一个非常重要的概念,它允许用户对一个对象进行操作,由对象来完成一系列动作。具体实现哪个动作、如何实现,由系统负责解释。

C#支持两种类型的多态性:

(1)编译时的多态性。

编译时的多态性是通过重载来实现的。对于非虚的成员来说,系统在编译时,根据传递的参数、返回的类型等信息决定实现何种操作。

(2)运行时的多态性。

运行时的多态性就是指直到系统运行时,才根据实际情况决定实现何种操作。在C#中,运行时的多态性通过虚成员实现。

编译时的多态性为我们提供了运行速度快的特点,而运行时的多态性则带来了高度灵活和抽象的特点。

2. 实现多态

多态性是类为方法(这些方法以相同的名称调用)提供不同实现方式的能力。多态性允许对类的某个方法进行调用而无须考虑该方法所提供的特定实现。例如,可能有名为 Road 的类,它调用另一个类的 Drive 方法。这另一个类 Car 可能是 SportsCar 或 SmallCar,但两者都提供 Drive 方法。虽然 Drive 方法的实现因类的不同而异,但 Road 类仍可以调用它,并且它提供的结果可由 Road 类使用和解释。

可以用不同的方式实现组件中的多态性:

➤ 接口多态性。

➤ 继承多态性。

➤ 通过抽象类实现的多态性。

1)接口多态性

多个类可实现相同的"接口",而单个类可以实现一个或多个接口。接口本质上是类需要如何响应的定义。接口描述类需要实现的方法、属性和事件,以及每个成员需要接收和返回的参数类型,但将这些成员的特定实现留给实现类去完成。

组件编程中的一项强大技术是能够在一个对象上实现多个接口。每个接口由一小部分紧密联系的方法、属性和事件组成。通过实现接口,组件可以为要求该接口的任何其他组件提供功能,而无须考虑其中所包含的特定功能。这使后续组件的版本得以包含不同的功能而不会干扰核心功能。其他开发人员最常使用的组件功能自然是组件类本身的成员。然而，包含大量成员的组件使用起来可能比较困难。可以考虑将组件的某些功能分解出来，作为私下实现的单独接口。

根据接口来定义功能的另一个好处是，可以通过定义和实现附加接口增量地将功能添加到组件中。其优点包括：

➢ 简化了设计过程。因为开始组件可以很小，具有最小功能，之后组件继续提供最小功能，同时不断插入其他功能，并通过实际使用那些功能来确定合适的功能。

➢ 简化了兼容性的维护。因为组件的新版本可以在添加新接口的同时继续提供现有接口。客户端应用程序的后续版本可以利用这些接口的优点。

多个类可以从单个基类"继承"。通过继承，类在基类所在的同一实现中接收基类的所有方法、属性和事件。这样，便可根据需要来实现附加成员，而且可以重写基成员以提供不同的实现。请注意，继承类也可以实现接口，这两种技术不是互斥的。

2）继承多态性

C#通过继承提供多态性。对于小规模开发任务而言，这是一个功能强大的机制，但对于大规模系统，通常会存在问题。过分强调继承驱动的多态性一般会导致资源大规模地从编码转移到设计，这对于缩短总的开发时间没有任何帮助。

何时使用继承驱动的多态性呢？使用继承首先是为了向现有基类添加功能。若从经过完全调试的基类框架开始，则程序员的工作效率将大大提高，方法可以增量地添加到基类而不中断版本。当应用程序设计包含多个相关类，而对于某些通用函数，这些相关类必须共享同样的实现时，用户也可能希望使用继承。重叠功能可以在基类中实现，应用程序中使用的类可以从该基类中派生。抽象类合并继承和实现的功能，这在需要二者之一的元素时可能很有用。

3）通过抽象类实现的多态性

抽象类同时提供继承和接口的元素。抽象类本身不能实例化，它必须被继承。该类的部分或全部成员可能未实现，该实现由继承类提供。已实现的成员仍可被重写，并且继承类仍可以实现附加接口或其他功能。

抽象类提供继承和接口实现的功能。抽象类不能实例化，必须在继承类中实现。它可以包含已实现的方法和属性，但也可以包含未实现的过程，这些未实现过程必须在继承类中实现。这使用户得以在类的某些方法中提供不变级功能，同时为其他过程保持灵活性选项打开。抽象类的另一个好处是：当要求组件的新版本时，可根据需要将附加方法添加到基类，但接口必须保持不变。

何时使用抽象类呢？当需要一组相关组件来包含一组具有相同功能的方法，但同时要求在其他方法实现中具有灵活性时，可以使用抽象类。当预料可能出现版本问题时，抽象类也具有价值，因为基类比较灵活并易于被修改。

3.6.2　教学案例

【案例 3.5】　编写 DrawObject 类作为所有绘图的基类，然后编写"画线（DrawLine）"、"画圆（DrawCirle）"类作为 DrawObject 的子类。DrawObject 有一个虚方法 Draw()，它的子类可以重写它。

1. 案例分析

本案例的关键是 DrawObject 类下面的"虚方法"是使用关键字 virtual 来定义的，而 DrawObject 的子类要重写"虚方法"就需要用 override 关键字来重写。

2. 操作步骤

（1）编写基类 DrawObject。

（2）编写子类 DrawLine，继承并重写 Draw()方法。

（3）编写子类 DrawCirle，继承并重写 Draw()方法。

3. 程序源代码

1）DrawingObject 基类

```
using System;
public abstract class DrawingObject
{
public abstract void Draw()
{
Console.WriteLine("我是基类 DrawObject.");
  }
 }
```

2）带有重载方法的派生类：Line, Circle

```
using System;
public class DrawLine: DrawingObject
{
public override void Draw()
{
Console.WriteLine("我是子类 DrawLine.");
}
 }
public class DrawCirle: DrawingObject
{
public override void Draw()
{
Console.WriteLine("我是子类 DrawCirle.");
}
}
```

3）客户端

```
using System;
namespace Teach2
{
    class Program
    {
        static void Main(string[] args)
        {
            DrawingObject d1 = new DrawingObject();
            DrawingObject d2 = new DrawLine();
            DrawingObject d3 = new DrawCirle();
            d1.Draw();
            d2.Draw();
            d3.Draw();

        }
    }
}
```

4. 程序运行结果（图3.3）

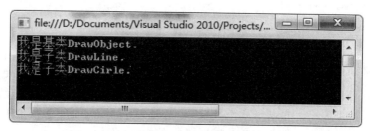

图3.3 程序运行结果图

3.6.3 案例练习

【练习3.5】 按照多态的定义，编写 Toy（玩具）类，该类有个虚方法 Play()。要求它的子类（如小火车、电子琴、手推车）继承 Toy，并重写 Play()方法。

【本章小结】

在面向对象的程序设计语言中，类是最基本的组成部分。类的使用使得程序员只需要声明一次变量和方法，就可以在需要的地方使用它们。每个类都包含一些字段、属性、构造函数、方法等成员，不同的成员具有不同的功能和使用方式。通过对本章的学习，主要是要掌握如何定义和使用类及类的各种成员，从而减少程序设计中的代码冗余，提高代码的重用性。

【课后习题】

（1）创建 SavingAccount 类。用一个 static 字段为每个储户存储 mannualInterestRate（年利率）。类的每个对象包含一个 private 实例字段 msavingBalance，表示储户当前的存款余额。提供方法 calculateMonthlyInterest 计算月息：用 savingBanlance 乘以 annualInterestRate 再除以 12；月息也应加到 savingBalance 中。提供一个 static 属性 AnnualInterestRate，设置 AnnualInterestRate 的新值。实例化两个不同的 SavingAccount 对象，saver1 和 saver2，分别有存款 2 000 元和 3 000 元。先将 mannualInterestRate 设置为 4%，然后计算月息，并且打印每个储户的新的存款余额。然后将 mannualInterestRate 设置为 5%，计算下一个月的利息，并为每个储户打印新的存款余额。

（2）帆船（Sailboat）和汽艇（Powerboat）是两种特殊的船只。帆船具有龙骨深度（KeelDepth），帆船编号和马达类型（none，inboard 或 outboard）。龙骨深度对汽艇来说并不重要，但必须知道汽艇有多少个引擎（NumberEgines）及其燃料类型（FuelType）（汽油或柴油）。继承 Boat 类分别定义 Sailboat 类和 Powerboat 类。重写 Boat 类的方法 ToallString，编写程序测试你创建的类。

（3）在习题（2）的基础上，分别为 Boat 类、Sailboat 类、Powerboat 类定义构造函数。编写程序测试你修改的类。

（4）在习题（3）的基础上，在 Sailboat 类和 Powerboat 类中，重写 Boat 类的方法 ToallString。编写程序测试你修改的类。

（5）在习题（4）的基础上，对 Boat 类进行修改，以便使它抽象化。重新编译并运行程序会出现什么情况？为什么？

【上机实训】

（1）创建时间类 Time1，包含 3 个整型属性——Hour、Minute、Second，用于表示采取统一时间格式（24 小时制）。定义一个不含参数的方法 ToUniversalString，该方法采用统一的时间格式返回一个字符串，它包括 6 个数位——2 位用于表示小时，2 位用于表示分钟，其余 2 位用于表示秒。创建 Time1 类的两个实例，编译和测试 Time1 类。

（2）在实训（1）的基础上，定义一构造函数，它含有 3 个整型参数——myhour、myminute、mysecond，并用它们来设置时间。属性 Hour、Minute、Second 的定义应包括数据检查，如果数据不合理，应给出提示信息，并将属性的值设置为 0。使用定义的构造函数创建 Time1 类的两个实例，编译和测试 Time1 类。

（3）在实训（2）的基础上，重载构造函数：定义一个构造函数，使它含有两个整型参数，用来设置小时和分钟，秒数被设置为 0。

第4章 数　组

【学习目标】

☞ 理解如何声明数组、初始化数组；
☞ 掌握一维数组的定义与使用方法；
☞ 掌握二维数组的定义与使用方法；
☞ 掌握数组类对象的属性与方法，实现对数组的操作。

【知识要点】

📖 一组数组的定义、初始化、使用；
📖 二维数组的定义、初始化、使用；
📖 多维数组的定义；
📖 数组的属性与方法。

数组是一种数据结构，它包含若干称为数组元素的变量。数组允许通过同一名称引用一系列变量，并使用一个称为"索引"或"下标"的数字进行区分（数组的索引从零开始）。数组中包含的变量又称为数组元素。每个元素的行为方式与变量的行为方式一样。所有数组元素必须是同一类型，该类型称为数组的元素类型。数组可以是一维数组也可以是多维数组。一维数组由排列在一行中的所有元素组成。

4.1　一维数组

4.1.1　知识点

1．一维数组的声明

语法格式如下：
　　　数据类型[] 数组名;
数据类型可以是前面章节讲到的基本数据类型，如 int、float、double，也可以是用户自定义的类型，如结构、类类型等。
示例：

```
int[] a;                        //定义了一个整型的一维数组 a
string[] str;                   //定义一个字符串类型的一维数组 str
```

2. 一维数组的初始化

定义数组后必须对数组进行初始化。数组的初始化可采用静态初始化和动态初始化两种方式。

1）静态初始化

静态初始化必须和数组的定义结合在一起。其语法格式如下：

    数据类型[] 数组名={元素 1，[元素 2，…]}；

示例：

    int[] a={10，20，30}；

    string[] str={"zhang"，"Tang"，"li"，"Chen"}；

其中数组的长度与大括号中的元素个数相同。

2）动态初始化

当数组元素个数较多且不能够穷举时，可以使用动态初始化。动态数组初始化必须使用 new 运算符为数组元素分配内存空间，并为数组元素赋初值。其语法格式如下：

    数组名=new 数据类型[数组长度]； //定义数组后动态初始化

    数据类型[] 数组名=new 数据类型[数组长度]； //声明时动态初始化

示例：

    int [] a；

    a=new int[5]；   //对数组 a 进行动态初始化并分配了 5 个整型数据存储空间

    string[] str=new string[4]{"Zhang"，"Wang"，"Li"，"Zhao"}；

          //定义并动态初始化数组 str

3. 一维数组的使用

定义并初始化数组之后就可以访问数组了。访问数组元素是通过数组名和下标来实现的。数组元素的下标可以是整型常量、变量，也可以是整型类型的表达式。

4.1.2 教学案例

【案例 4.1】 日常开销计算。要存储一个月中每一天的日常开销，可以创建一个含有 30 个元素的数组，而不必声明 30 个变量。数组中每一个元素都存一个值，通过元素索引访问。每个元素赋初值 20。

```
using System;
public class TEST
{
    static void Main()
    {
        int i;
        int j = 0;
```

```
        string output = "";
        decimal[] MyExpense;
        MyExpense = new decimal[30];
        for (i = 0; i < 30; i++)
            MyExpense[i] = 20;
        for (i = 0; i < 30; i++)
        {
            j = i+ 1;
            if (j % 5 == 0)
                output += MyExpense[i] + "\n";
            else
                output += MyExpense[i] + "\t";
        }
        Console.WriteLine(output);
    }
}
```

4.1.3 案例练习

【**练习 4.1**】 假设一个班有 *N* 名学生，请编写程序，要求用一维数组记录每位学生的数学成绩，并求这个班的平均成绩。

4.2 二维数组

数组可以是一维的，也可以是二维或多维的。维数是数组下标的个数。通过多个下标值可以声明和使用多维数组。

4.2.1 知识点

1. 二维数组的声明

语法格式如下：
    数组类型[,] 数组名；
示例：
    int [,] b; //声明了一个二维整型数组 b

2. 二维数组的初始化

同一维数组一样，定义二维数组之后也要通过初始化为其分配内存空间，然后才能使用。

二维数组的初始化可以采用静态初始化，也可以采用动态初始化。

1）静态初始化

静态初始化必须在声明的同时完成。其语法格式如下：

数据类型[,] 数组名={{…},{…},{…},…};

示例：

double [,] d={{75,98,75},{67,87,78}};

此代码表示定义了一个两行三列的二维数组，并对数组进行了静态初始化。

2）动态初始化

动态初始化是用关键字 new 来完成的，可以在定义的时候完成，也可以在定义后完成。其语法格式如下：

数组名=new 数据类型[数组长度1，数组长度2]; //先声明再动态初始化
double [,] 数组名=new 数据类型[数组长度1，数组长度2]; //声明与动态初始
//化同时进行

示例：

double [,] score
score=new double[2,3];

或

Double[,] score=new double[2,3];

3）二维数组的使用

定义并初始化二维数组后，就可以使用二维数组了。使用二维数组时，通过两个下标来标识一个数组元素，如 a[m,n]。第一个下标相当于行，是从 0 开始的第 *m* 行；第二个下标相当于列，是从 0 开始的第 *n* 列。二维数组的使用一般要通过双重循环实现。

4.2.2　教学案例

【**案例 4.2**】　用二维数组存储 4 位学生 5 门课的成绩，并计算每名学生的总成绩。

1）案例分析

存储 4 位学生 5 门课的成绩可以用 4 行 5 列的二维数组，其中每行存放每名学生的成绩，每列存放每门课的成绩。另外，学生的总成绩可以用一个一维数组来存放。

2）程序源代码

```
Static void Main(string[] args)
{
    double[,] score;          //定义一个二维数组，用来存放学生的每门课的成绩
    double [] sum;            //定义一个一维数组，用来存放每名学生的总成绩
    score=new double[4,5];   //根据学生人数、课程数动态初始化二维数组
    sum=new double[4];        //根据学生人数动态初始化一维数组
```

```
for(int i=0;i<4;i++)
    for(int j=0;j<5;j++)
    {
        Console.Write("输入第{0}位学生，第{1}门课的成绩",i+1,j+1);
        score[i,j]=double.Parse(console.ReadLine());//录入每名学生各
                                                    //科成绩
        sum[i]+=score[i,j]; //计算每名学生名科成绩之和
    }
    for(int k=0;k<4;k++)
    {
        Console.WriteLine("第{0}位学生的总成绩是：{1}",k+1,sum[k]);
        Console.ReadLine();
    }
}
```

4.2.3 案例练习

【练习 4.2】 用二维数组存储 *m* 位学生 *n* 门课的成绩，并计算每位学生的总成绩。

4.3 多维数组

多维数组的定义与使用与二维数组差不多，在这里只简要说明多维数组的定义方法，学生可参考相关资料进行拓展应用。

1. 三维数组的定义

数据类型[,,] 数组名； //其中的","个数是 2 个

2. *n* 维数组的定义

数据类型[,,…,] 数组名；//其中","的个数是 $n-1$ 个
示例：

int[,,,] array; //定义了一个整数类型的四维数组 array

4.4 数组的属性与方法

在 C#中，数组实际上是 System.Array 类对象。System.array 类提供了许多有用的属性与方法，给数组的操作带来许多方便。

4.4.1 知识点

1. 属性（表 4.1）

表 4.1 数组的属性

属 性	类 型	说 明
Length	int	获得一个 32 位整数，即数组的长度或数组元素的个数
Rank	int	获得数组的维数

2. 方法（表 4.2）

表 4.2 数组的方法

方 法	类 型	说 明
Sort（array）（静态）	int	对一个数组对象中的元素进行排序
BinarySearch（array）（静态）	int	在一个排序的数组中查找某个元素，返回其下标值
Reverse（array）（静态）	void	反转一维数组或部分元素的顺序
Clear（array）（静态）	void	将数组中的元素设为置为零
Copy（arry1,arry2）（静态）	void	将一个数组的值复制到另一个数组中
IndexOf（array,value）（静态）	int	返回数组 array 中元素为 value 的第一个索引值
LastIndexOf（array）（静态）	int	返回数组中最后一个元素的索引值
GetLength（）	int	获取数组元素的长度
GetType（）	Type	获取当前数组的元素类型
GetValue（i）	object	获取数组元素中索引号为 i 的元素的值
SetValue（i,value）	void	将当前数组元素指定位置 i 的值设置为指定值 value
ToString（）	String	返回当前对象的字符串

其中静态方法是通过静态类 System.arry 类的静态方法来实现的，动态方法是通过数组对象的方法来实现的。

4.4.2 教学案例

【案例 4.3】 定义一个整型数组并初始化该数组，且用属性获取数组的长度与维数。此外，先用静态方法 Sort 为其排序并输出排序后的值，再用反转方法 Reverse 按逆序排列，并输出结果。

```
Static void Main(string[] args)
{

int[] arr = new int[] { 80, 90, 67, 89, 78, 85, 45, 69, 77, 95}
```

```
        Console.WriteLine("长度：{0}", arr.Length);        //长度
        Console.WriteLine("维数：{0}", arr.Rank);          //维数
        Array.Sort(arr);
                Console.WriteLine("排序：");
                foreach (int s in arr)
                Console.Write(s+" ");                      //排序
                Array.Reverse(arr);
                Console.WriteLine("\n 反转：");
                foreach (int s in arr)
                Console.Write(s+" ");                      //反转
        }
```

4.4.3　案例练习

【练习 4.3】 仿照案例 4.3 中的静态方法与动态方法，练习数组方法表中的其他方法，实现对数组的操作。

【本章小结】

本章介绍了一维数组、二维数组的声明、初始化，以及如何通过下标引用数组，操作数组元素。同时也介绍了数组的类的属性与方法，实现对数组的操作。学生在学习过程中应注意与 C 语言中的数组进行对比，发现相同和不相同的地方，避免混淆。

【课后习题】

1. 选择题

（1）在 array 类中，可以对一维数组中的元素进行排序的方法是（　　）。
　　A. Sort()　　　B. Clear()　　　C. Copy()　　　D. Reverse()
（2）二维数组最后一个元素是 a[2,3],则数组中包含的元素数目是（　　）。
　　A. 5　　　　B. 6　　　　　C. 7　　　　　D. 12
（3）在 array 类中，可以对一维有序数组中的元素进行查找的方法是（　　）。
　　A. Sort()　　　B. BinarySearch()　　C. Convert()　　D. Index()
（4）下面几条动态初始化一维数组的语句中，正确的是（　　）。
　　A. int[] array=new array[];
　　B. int[] array=new array[i];
　　C. int[] array=new array[i]{45,56,54,37,89};
　　D. int[] array=new array[4]{45,56,54,37,89};

2. 编程题

（1）数组 a 和 b 已被声明为 4 个元素的数组，且 a[1]到 a[4]已被赋值。颠倒这些值的顺序，并将它们存储到数组 b 中。

（2）比较大小为 10 的两个数组 a 和 b，看它们的值是否完全相同。

（3）在大小为 10 的整型数组 a 中，计算所有奇数下标元素的值的和。

（4）12 个考试分数存储在数组 grades 中，给每个分数加 7。

（5）设一门课程有 15 个学生注册，且一学期进行 5 次考试。编写一程序，接受输入的每一个学生的名字和分数。将名字存入一维数组，分数存入二维数组，然后程序应显示每一个学生的名字和平均分。

【上机实训】

根据表 4.3，编程完成以下任务：

（1）声明一个名为 sales 的二维整型数组，使用表中的数据填充前 4 列。

（2）编写一个循环结构来计算和填充总和列。该循环结构内显示它计算出的每个部门的总和。

（3）编写一个循环结构来计算和填充总和行。该循环结构内显示它计算出的每一季度的总和。

表 4.3 各季度销售数据

部　　门	季度 1	季度 2	季度 3	季度 4	总　　和
部门 1	750	660	910	800	
部门 2	800	700	950	900	
部门 3	700	600	750	600	
部门 4	850	800	1 000	950	
部门 5	900	800	960	980	
总　　和					

第 5 章　Windows 应用程序

【学习目标】

☞ 掌握各种基本控件的属性和事件的应用；

☞ 掌握各种容器控件的属性和事件的应用；

☞ 掌握菜单控件和工具栏的属性和事件的应用；

☞ 掌握对话框的属性和事件的应用；

☞ 掌握定时器控件的应用。

【知识要点】

📖 控件的属性；

📖 控件的事件；

📖 控件的方法。

Windows 应用程序就是通常所说的 C/S（客户端/服务器）应用程序，一般将数据库部署在服务器端，将逻辑代码部署在客户端（用户机器）。本章主要介绍 C#的 Windows 应用程序都包含哪些应用，并详细介绍 Windows 应用程序的开发环境。

5.1　Windows 应用程序的开发环境

Visual Studio 2008 的一个优点是提供了大量的开发模板，使得开发人员可以利用这些模板，简化自己开发的操作。Visual Studio 2008 提供的 Windows 应用程序模板如图 5.1 所示。

现将常用模板的主要用途说明如下：

➢ Windows 应用程序：普通的 C/S 窗体应用。

➢ 类库：创建一个具备单独命名空间的类库。

➢ 控制台应用程序：控制台是系统提供的一个字符界面，类似于 Dos 窗口。输入、输出都通过此窗口完成。

下面通过对工作界面的说明，详细介绍 Windows 应用程序的开发环境。

图 5.1　Windows 应用程序模板

5.1.1　解决方案资源管理器

打开 Visual Studio 2008 应用程序后，在界面的右侧通常会有一个小窗口，如图 5.2 所示，这就是解决方案资源管理器。

图 5.2　解决方案资源管理器

解决方案资源管理器中默认生成 2 个文件和 2 个文件夹。"ProPerties"文件夹管理着应用程序的一些属性说明文件，如"AssemblyInfo"文件，其定义与应用程序关联的一些信息，如应用程序名、版本号等。"引用"文件夹管理着应用程序集的一些外部类的调用。默认生成的 Form1.cs 文件是一个窗体。Program.cs 文件管理着整个应用程序的入口，可通过其修改默认的运行窗体。

5.1.2 工具箱

Visual Studio 2008 最大的特色，就是提供各式各样的组件，供开发人员直接使用。这提高了开发速度，也统一了开发界面。图 5.3 所示的就是 Visual Studio 2008 为 Windows 应用程序准备的工具箱。

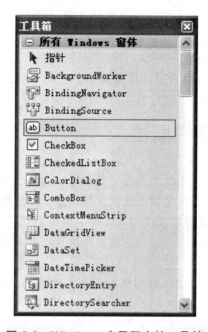

图 5.3　Windows 应用程序的工具箱

下面对工具箱进行分类，并简要介绍各个工具箱的作用。

➢ 公共控件：Windows 应用中最基本的控件，如按钮、文本框等。

➢ 容器：用来包装其他控件的控件，通常用在界面中为控件分组。

➢ 菜单和工具栏：提供应用程序中的菜单和工具栏设计。

➢ 数据：用来链接数据和显示数据的控件，如数据表格、数据视图等。

➢ 组件：一些比较特殊的控件，如队列、进程等。

➢ 打印：提供对打印对话框和打印文档的控制。

➢ 对话框：提供一些常用的对话框。

➢ Crystal Reports：提供对水晶报表支持的一些控件，如水晶报表的显示控件。

5.1.3 菜　单

Windows 应用程序的菜单共有 12 类，下面对各类进行简要说明。

➢ 文件：提供对应用程序的各种操作，如打开、新建、保存、打印等。

➢ 编辑：一些标准的文档操作，如复制、剪切、查找、替换等。

➢ 视图：提供所有 Visual Studio 2008 支持的窗口和工具栏，要设置某些窗口是否显示，都在此视图菜单中完成。

- 项目：对当前应用项目的一些操作，如为应用项目添加类、添加引用等。
- 生成：用于应用项目的最后部署。
- 调试：帮助查找应用程序运行过程中的错误，可启动、中断应用程序的运行。
- 数据：对当前应用程序中的数据源进行管理。
- 格式：只有在打开窗体设计的界面时，才有此菜单项，用来对齐窗体中各控件的布局。
- 工具：Visual Studio 2008 提供的一些外部工具。
- 窗口：多窗口时，用来管理窗口的布局。
- 社区：与 Microsoft 提供的一些学习社区关联。
- 帮助：与 MSDN 挂钩，可通过搜索关键字，了解不明白的内容。

5.2 控件的属性和事件概述

Visual Studio 2008 开发工具的优势在于，提供了大量的控件和组件，使得开发人员可以利用这些控件提高开发的速度，并大幅度地减少代码量。控件是 Windows 应用程序开发的关键。在 Windows 窗体中，直接拖放控件到窗体中，就可以使用控件。选中控件后按 F4 键，会出现控件的属性窗口，如图 5.4 所示。这些属性决定了控件可以具备什么功能，还能决定控件的显示格式。

单击属性窗口的事件按钮，可以将界面切换到控件的事件列表，如图 5.5 所示。事件是代码的入口。开发人员将代码编写在事件中，完成与用户交互的功能。

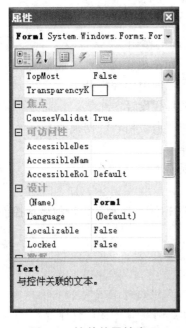

图 5.4　控件的属性窗口

图 5.5　控件的事件列表

属性代表了控件的一些设置，事件控制控件的一些行为。如"Click"事件，表示用户单击按钮时，需要执行的操作。

84

5.3 窗体（Form）

Windows 窗体和控件是开发 C#应用程序的基础。每个 Windows 窗体和控件都是对象，都是类的实例。

Windows 窗体是可视化程序设计的基础界面，是其他对象的载体和容器。

Windows 窗体由以下几部分组成：

- 标题栏：显示该窗体的标题。标题的内容由该窗体的"Text"属性决定。
- 控制按钮：提供窗体最大化、最小化以及关闭窗体的控制。
- 边界：限定窗体的大小，可以有不同样式。
- 窗口区：窗体的主要部分，应用程序的其他对象可放在上面。

窗体的许多属性可以影响窗体的外观和行为。窗体的常用属性和事件如表 5.1 所示。

表 5.1　窗体的常用属性和事件

名　称	说　明
Name	窗体的标识，在当前页面必须是唯一的
Text	窗体标题栏显示的内容
ControlBox	设置窗体上是否有控制菜单，默认为 True
MaximizeBox	设置窗体上是否显示最大化按钮
MinimizeBox	设置窗体上是否显示最小化按钮
FormBorderStyle	控制窗体的边界类型
Size	设置窗体的大小
Location	设置窗体在屏幕上的位置，即坐标值
BackColor	设置窗体的背景颜色
BackgroundImage	设置窗体的背景图像
Opacity	设置窗体的透明度
Load	当用户加载窗体时，触发该事件

5.4 命令按钮控件（Button）

5.4.1　知识点

1. 用　途

命令按钮是实现用户与应用程序交互的最简便的工具，其应用十分广泛。在程序执行期间，它可以用于接收用户的操作信息，去执行预先规定的命令，触发相应的事件过程，以实现指定的功能。

2. 常用属性（表 5.2）

表 5.2　命令按钮的常用属性

名　称	说　明
Name	控件的标识，在当前页面必须是唯一的
Text	获取或设置控件的显示文本
Enabled	获取或设置控件是否可用
Visible	获取或设置控件是否可见
FlatStyle	获取或设置控件的外观风格

3. 事 件

如果按钮具有焦点，就可以使用鼠标左键、Enter 键或空格键触发该按钮的 Click 事件。Click 事件是命令按钮的常用事件。

5.4.2　教学案例

【案例 5.1】　将按钮控件拖放到窗体中，会自动生成一个名为"button1"的控件。选中按钮后按 F4 键，打开按钮的属性窗口，然后修改按钮的 Name 属性为"btnSave"，Text 属性为"保存"。Name 属性和 Text 属性的区别是：Name 属性用于后台代码调用按钮，而 Text 属性则是给用户显示按钮的内容。

双击按钮会切换到按钮的 Click 事件，默认代码如下：

```
private void btnSave_Click(object sender, EventArgs e)
    {

    }
```

在上述代码中可以执行需要的操作，如在代码中修改按钮的 Text 属性为"添加"。修改语句如下：

```
private void btnSave_Click(object sender, EventArgs e)
    {
btnSave.Text = "添加";
    }
```

注意：btnSave 就是按钮的 Name，名称与属性之间以"."间隔。

按钮控件示例的运行效果如图 5.6 所示。

图 5.6 按钮控件示例的运行效果

5.4.3 案例练习

【**练习 5.1**】 创建窗体应用程序，在窗体上添加 1 个按钮控件。要求单击按钮时，在其上显示自己的名字。

5.5 标签控件（Label）

5.5.1 知识点

1. 用 途

标签控件主要用来显示文本。通常用标签来为其他控件显示说明信息、窗体的提示信息，或者用来显示处理结果等信息。但是，标签显示的文本不能直接被编辑。

2. 常用属性（表 5.3）

表 5.3 标签控件的常用属性

名 称	说 明
AutoSize	设置是否根据文本长度自动扩展
Cursor	当鼠标光标移动到控件时文本的显示样式
BorderStyle	设置标签的边框样式
TextAlign	设置文本的格式，如居中、居左、居右
Visible	获取或设置控件是否可见

3. 事　件

标签控件常用的事件有：Click（单击鼠标）事件和 DoubleClick（双击鼠标）事件。

5.5.2　教学案例

【案例 5.2】　在窗体中建立 4 个标签和 1 个命令按钮，如图 5.7 所示。编写程序，实现如下功能：单击按钮时，在标签控件中分别显示"C#程序设计教程"和"西南交通大学出版社"。

图 5.7　标签控件示例的运行效果

窗体和控件的属性设置如表 5.4 所示。

表 5.4　窗体和控件的属性设置

控　件	属　性	值
Form	Text	标签控件示例
Label	Name Text	label1 书名：
Label	Name Text	label2 出版社：
Label	Name Text	lblName 空
Label	Name Text	lblPrint 空
Button	Name Text	btnShow 显示

编写事件过程：

```
private void btnShow_Click(object sender, EventArgs e)
    {
        lblName.Text = "C#程序设计教程";
        lblPrint.Text = "西南交通大学出版社";
    }
```

5.5.3 案例练习

【练习 5.2】 创建窗体应用程序，在窗体中添加 1 个按钮控件和 2 个标签控件。要求单击按钮时，分别在 2 个标签控件上显示自己的姓名和班级。

5.6 文本框控件（TextBox）

5.6.1 知识点

1. 用 途

文本框控件有两种用途：一是用来输出或显示文本信息，二是接受从键盘输入的信息。应用程序在运行时，如果用鼠标单击文本框，则光标在文本框中闪烁，就可以向文本框中输入文本信息。

如图 5.8 所示，文本框控件提供 3 种样式的输入：单行、多行和密码。当输入内容比较多时，设置 MultiLine 属性为 True，就可以调整 TextBox 的宽度，实现多行输入。如果文本框的内容需要保密，可设置 PasswordChar 属性为 "*"，这样用户输入的内容就会以 "*" 显示。

图 5.8 文本框控件的 3 种输入样式

2. 常用属性（表 5.5）

表 5.5　文本框控件的常用属性

名　称	说　明
ReadOnly	设置文本框是否为只读
ScrollBars	设置文本框是否显示滚动条
MultiLine	设置文本框是否可运行显示或输入多行文本
MaxLength	设置文本框中最多可容纳的字符数
PasswordChar	设置显示在文本框中的替代符

3. 事　件

在文本框控件所能响应的事件中，TextChanged 是最重要的事件。当文本框的文本内容发生改变时，触发该事件。

5.6.2　教学案例

【**案例 5.3**】　在窗体中创建 3 个文本框控件，如图 5.9 所示。编写程序，实现如下功能：在第一个文本框中输入文字时，在第二个和第三个文本框中同时显示相同的内容，但显示的字号和字体不同。要求输入字符数不超过 10。

图 5.9　文本框控件示例的运行效果

窗体和控件的属性设置如表 5.6 所示。

表 5.6　窗体和控件的属性设置

控　件	属　性	值
Form	Text	文本框控件示例
TextBox	Name Text MaxLength	txt1 空 10
TextBox	Name Text Font	txt2 空 楷体，10.5pt
TextBox	Name Text Font	txt3 空 黑体，12pt

编写事件过程：

```
private void txt1_TextChanged(object sender, EventArgs e)
    {
        txt2.Text = txt1.Text;
        txt3.Text = txt1.Text;
    }
```

5.6.3　案例练习

【**练习 5.3**】　创建如图 5.10 所示的应用程序，要求单击"显示"按钮，在消息框中显示输入的姓名和班级。

图 5.10　案例练习图例

5.7 列表框控件（ListBox）

5.7.1 知识点

1. 用 途

列表框控件提供一个项目列表，供用户从中选择一项或多项。如果项目总数超过了可显示的项目数，就自动在列表框上添加滚动条，供用户上下滚动选择。在 Windows 系统中，使用列表框输入数据是保证数据标准化的重要手段。

列表框控件常用来显示一组相关联的数据，如当前部门下的所有人员。它还可以实现多列显示，类似于表格。列表框中的内容可以在设计时填充，此时的数据是固定的；也可以在程序运行时填充，此时的数据是动态的。

可通过视图方式添加列表框的数据。单击列表框右上角的三角形按钮，打开其任务列表。选中复选框"使用数据绑定项"，可以从数据库中选择数据，填充到列表中。"编辑项"链接按钮提供自定义的数据添加。

单击"编辑项"链接按钮，打开字符串集合编辑器，可在编辑器中添加一些固定的数据，如图 5.11 所示。

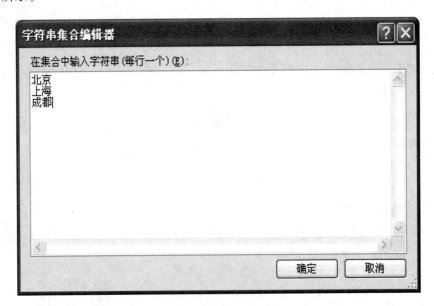

图 5.11 通过字符串集合编辑器填充的数据

如果选中任务菜单中的"使用数据绑定项"复选框，则任务菜单转化成如图 5.12 所示的格式。其中"数据源"用来选择数据库中的数据。"显示成员"表示要在列表框中显示的字段。"值成员"表示字段的键值（要求具有唯一性）。"选定值"表示默认情况下的选定值。

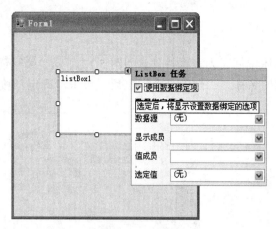

图 5.12 启用数据绑定

2. 常用属性（表 5.7）

表 5.7　列表框控件的常用属性

名　称	说　明
FormatString	设置列表中数据的显示格式
FormattingEnabled	设置是否支持改变列表中数据的显示格式
HorizontalScrollBar	设置是否支持水平滚动条
Items	添加列表中的项
MultiColumn	设置是否支持多列的显示
SelectionMode	设置列表中的选择模式

3. 事　件

列表框控件除了能响应常用的Click事件外，还可响应特定的SelectedIndexChanged事件。当用户改变列表中的选择时，将会触发该事件。

4. 方　法

列表框的列表项可以在属性窗口中通过 Items 属性来设置，也可以在应用程序中用与 Items 相关的方法来进行操作。与 Items 相关的方法如表 5.8 所示。

表 5.8　与 Items 相关的方法

方法名称	方法原型	功能说明
Add	ListName.Items.Add(object item)	把一个列表项加到列表控件的末尾
Insert	ListName.Items.Insert(int index,object item)	把一个项插入列表控件的指定索引处
Remove	ListName.Items.Remove(object value)	从项集合中移除指定的对象
RemoveAt	ListName.Items.RemoveAt(int index)	从项集合中移除指定索引处的项
Clear	ListName.Items.Clear( )	从项集合中移除所有的项

5.7.2 教学案例

【**案例 5.4**】 在窗体中创建列表框控件，如图 5.13 所示。编写程序，实现如下功能：在列表框中添加一些国家的名称，当选定某个国家后，单击"确定"按钮，在标签上显示选定国家的名称。

图 5.13 列表框控件示例的运行效果

窗体和控件的属性设置如表 5.9 所示。

表 5.9 窗体和控件的属性设置

控 件	属 性	值
Form	Text	列表框控件示例
ListBox	Name Items	lstCountry "中国"，"美国"，"英国"，"法国"，"德国"
Label	Name Text	lblCountry 空
Button	Name Text	btnShow 确定

编写事件过程：

```
private void btnCountry_Click(object sender, EventArgs e)
{
    lblCountry.Text = "你所选的国家是:" + lstCountry.SelectedItem.ToString();
}
```

94

5.7.3　案例练习

【**练习 5.4**】　创建如图 5.14 所示的应用程序，要求实现如下功能：单击"＞＞"按钮，将左边列表框中的项目全部添加到右边；单击"＞"按钮，将在左边选中的项目添加到右边。

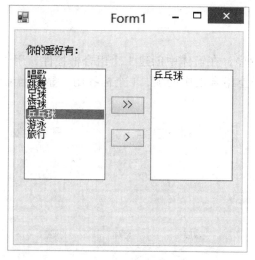

图 5.14　案例练习图例

5.8　组合框控件（ComboBox）

5.8.1　知识点

1. 用　途

组合框是一个文本框和一个列表框的组合。列表框只能在给定的列表项中选择，如果用户想要选择列表框中没有给出的选项，则用列表框不能实现。与列表框不同的是，组合框向用户提供了一个供选择的列表框，若用户选中列表框中某个列表项，该列表项的内容将自动装入文本框中；当列表框中没有所需的选项时，也允许在文本框中直接输入特定的数据。

2. 常用属性（表 5.10）

表 5.10　组合框控件的常用属性

名　称	说　明
Text	组合框中显示的文本
Items	组合框中所有项的集合
SelectedIndex	当前选中项的索引
SelectedItem	当前被选中的项
DropDownStyle	组合框的显示样式

3. 事 件

组合框控件响应特定的 SelectedIndexChanged 事件，即当用户改变列表中的选择时将会触发的事件。

5.8.2　教学案例

【案例 5.5】　编写程序，在窗体中创建 1 个组合框控件，用于显示商品列表。3 个按钮分别用于添加、删除和清空组合框中的项，1 个标签用于显示当前组合框中的项目总数。运行效果如图 5.15 所示。

图 5.15　组合框控件示例的运行效果

窗体和控件的属性设置如表 5.11 所示。

表 5.11　窗体和控件的属性设置

控　件	属　性	值
Form	Text	组合框控件示例
ComboBox	Name Text	cmbPro 空
Button	Name Text	btnAdd 添加
Button	Name Text	btnDelete 删除
Button	Name Text	btnClear 清空
Label	Name Text	lblShow 空

编写事件过程：

```
private void btnAdd_Click(object sender, EventArgs e)
{
    //添加新项到组合框
    cmbPro.Items.Add(cmbPro.Text);
    cmbPro.Items.Add("牙刷");
    //显示当前商品总数
    lblShow.Text = "商品总数为:"+cmbPro.Items.Count.ToString();
}

private void btnDelete_Click(object sender, EventArgs e)
{
    /删除组合框中指定的项
    cmbPro.Items.Remove(cmbPro.SelectedItem);
    //显示当前商品总数
    lblShow.Text = "商品总数为:"+cmbPro.Items.Count.ToString();
}

private void btnClear_Click(object sender, EventArgs e)
{
    //清除组合框中所有的项
    cmbPro.Items.Clear();
    //显示当前项目总数
    lblShow.Text = "商品总数为:"+ cmbPro.Items.Count.ToString();
}
```

5.8.3　案例练习

【练习 5.5】　创建如图 5.16 所示的应用程序，要求在组合框中选择自己所在的系和专业，并在单击"确定"按钮后显示。

图 5.16　案例练习图例

5.9 单选按钮控件（RadioButton）

5.9.1 知识点

1. 用 途

单选按钮提供"选中/未选中"可选项，并显示该项是否被选中。该控件由一个圆圈以及紧挨着它的说明文字组成，单击便可以选择它。选中时，圆圈中间有一个黑圆点；未选中时，圆圈中间的黑圆点消失。在实际应用中，比较常见的是多个单选按钮构成一组的形式。此时，各个单选按钮之间有互斥性，即其中一个单选按钮被选中了，其他已经被选中的单选按钮则被取消选中状态。在一组单选按钮中，保持最多只有一个单选按钮被选中的状态。

通常，单选按钮用在有多个项目可供选择，但只能选择其中一项的情况。

2. 常用属性（表 5.12）

表 5.12　单选按钮控件的属性

名　称	说　明
Name	单选按钮控件的名字
Text	单选按钮显示的文本
Checked	判断单选按钮是否被选中，true 表示被选中，false 表示未被选中

3. 事 件

单选按钮响应的事件主要是 Click 事件和 CheckedChanged 事件。

当用鼠标单击单选按钮时，触发 Click 事件，并且改变 Checked 属性值。Checked 属性值的改变，同时将触发 CheckedChanged 事件。

5.9.2 教学案例

【案例 5.6】　编写程序，在窗体中创建以下项目：1 个文本框控件，用于显示商品价格；3 个单选按钮，分别用于选择 3 种不同的商品，如图 5.17 所示。

窗体和控件的属性设置如表 5.13 所示。

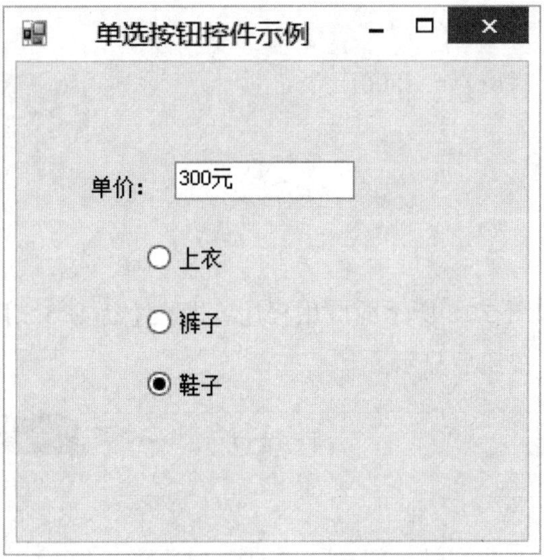

图 5.17 单选按钮控件示例的运行效果

表 5.13 窗体和控件的属性设置

控 件	属 性	值
Form	Text	单选按钮控件示例
TextBox	Name Text	txtPrice 空
RadioButton	Name Text	rdbClothes 上衣
RadioButton	Name Text	rdbTro 裤子
RadioButton	Name Text	rdbShoes 鞋子

编写事件过程：

```
private void rdbClothes_Click(object sender, EventArgs e)
{
        txtPrice.Text = "200 元";
}
private void rdbTro_Click(object sender, EventArgs e)
{
        txtPrice.Text = "100 元";
}
private void rdbShoes_Click(object sender, EventArgs e)
```

```
        {
            txtPrice.Text = "300 元";
        }
```

5.9.3　案例练习

【**练习 5.6**】　创建如图 5.18 所示的应用程序，即在【练习 5.5】的基础上，添加"性别"
选项，并在单击"确定"按钮后显示。

图 5.18　案例练习图例

5.10　复选框控件（CheckBox）

5.10.1　知 识 点

1. 用　途

　　复选框也提供"选中/未选中"可选项。该控件由一个正方形小框及紧挨着它的文字组成，
单击便可以选择它。选中时，正方形小框内出现打钩标记；未选中时，则框内为空。在实际
应用中，多个复选框可以同时存在，并且互相独立。即在多个复选框中，同时可有一个或多
个被选中。

　　通常，复选框用于有多个项目可供选择，并且可以从中选择一项或几项的情况。

2. 常用属性（表5.14）

表 5.14　复选框控件的常用属性

名　　称	说　　明
Name	复选框控件的名字
Text	复选框显示的文本
Checked	判断复选框是否被选中
CheckedState	获取复选框当前的状态
Click	单击复选框时，触发该事件

3. 事　件

复选框控件响应的事件主要是 Click 事件、CheckedChanged 事件和 CheckStateChanged 事件。当用鼠标单击复选框时，触发 Click 事件，并且改变 Checked 属性值和 CheckState 属性值。Checked 属性值的改变，将触发 CheckedChanged 事件。CheckState 属性值的改变，将触发 CheckStateChanged 事件。

5.10.2　教学案例

【**案例 5.7**】　创建一个简单的购物程序，如图 5.19 所示。物品单价已列出，用户只需选择要购买的物品，并单击"合计"按钮，即可显示购买物品的总价格。

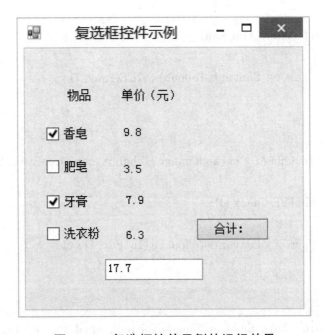

图 5.19　复选框控件示例的运行效果

窗体和控件的属性设置如表 5.15 所示。

表 5.15　窗体和控件的属性设置

控　件	属　　性	值
Form	Text	复选框控件示例
CheckBox	Name Text	chbXiang 香皂
CheckBox	Name Text	chbFei 肥皂
CheckBox	Name Text	chbYa 牙膏
CheckBox	Name Text	chbXi 洗衣粉
Button	Name Text	btnPrice 合计：
TextBox	Name Text	txtPrice 空

编写事件过程：

```
double sum = 0;
private void chbXiang_CheckedChanged(object sender, EventArgs e)
{
        if (chbXiang.Checked)
        {
            sum += Convert.ToDouble(lblXiang.Text);
        }
}


private void chbFei_CheckedChanged(object sender, EventArgs e)
{
        if (chbFei.Checked)
        {
            sum += Convert.ToDouble(lblFei.Text);
        }
}


private void chbYa_CheckedChanged(object sender, EventArgs e)
{
        if (chbYa.Checked)
```

```
        {
                sum += Convert.ToDouble(lblYa.Text);
        }
}

private void chbXi_CheckedChanged(object sender, EventArgs e)
{
        if (chbXi.Checked)
        {
                sum += Convert.ToDouble(lblXi.Text);
        }
}

private void btnPrice_Click(object sender, EventArgs e)
{
        txtPrice.Text = sum.ToString();
}
```

5.10.3 案例练习

【练习 5.7】 创建如图 5.20 所示的应用程序，即在【练习 5.6】的基础上，添加"爱好"选项，并在单击"确定"按钮后显示。

图 5.20 案例练习图例

5.11 面板控件（Panel）和分组框控件（GroupBox）

5.11.1 知识点

1. 用 途

面板控件和分组框控件是一种容器控件，可以容纳其他控件，同时给控件分组。它们一般用于将窗体上的控件根据其功能进行分类，以利于管理。单选按钮控件经常与面板控件或分组框控件一起使用。单选按钮的特点是当选中其中一个时，其余自动取消选中状态。当需要在同一窗体中建立几组相互独立的单选按钮时，就需要用面板控件或分组框控件将每一组单选按钮框起来。这样在一个框内对单选按钮的操作，就不会影响框外其他组的单选按钮了。另外，放在面板控件或分组框控件内的所有对象将随着容器的控件一起移动、显示、消失和屏蔽。这样，使用容器控件可将窗体的区域划分为不同的功能区，可以提供视觉上的区分以及分区激活或屏蔽的特性。

2. 常用属性

面板控件的常用属性如表 5.16 所示。

表 5.16　面板控件的常用属性

名　称	说　明
Name	面板控件的名字
BorderStyle	设置面板控件的边框样式
AutoScroll	是否在控件内显示滚动条

分组框控件的常用属性如表 5.17 所示。

表 5.17　分组框控件的常用属性

名　称	说　明
Name	分组框控件的名字
Text	分组框上方的说明文字

5.11.2 教学案例

【案例 5.8】　在窗体中创建两组单选按钮，分别放在名为"前景色"和"背景色"的分组框中，如图 5.21 所示。编写程序，实现如下功能：分别在两组单选按钮中选择一个颜色，单击"确定"按钮，用于设置窗体的前景色和背景色。

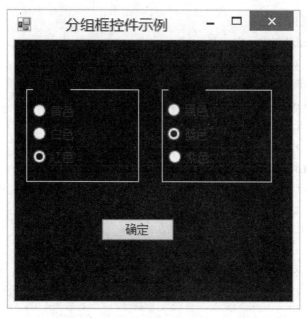

图 5.21 分组框控件示例的运行效果

窗体和控件的属性设置如表 5.18 所示。

表 5.18 窗体和控件的属性设置

控件	属性	值
Form	Text	分组框控件示例
RadioButton	Name Text	rdbYellow 黄色
RadioButton	Name Text	rdbWhite 白色
RadioButton	Name Text	rdbRed 红色
RadioButton	Name Text	rdbBlack 黑色
RadioButton	Name Text	rdbBlue 蓝色
RadioButton	Name Text	rdbPurple 紫色
Button	Name Text	btnShow 确定

编写事件过程：

```
private void btnShow_Click(object sender, EventArgs e)
{
```

```
        //设置前景色
        if (rdbYellow.Checked)
            this.ForeColor = Color.Yellow;
        if (rdbWhite.Checked)
    this.ForeColor = Color.White;
        if (rdbRed.Checked)
            this.ForeColor = Color.Red;
        //设置背景色
        if (rdbBlack.Checked)
            this.BackColor = Color.Black;
        if (rdbBlue.Checked)
            this.BackColor = Color.Blue;
        if (rdbPurple.Checked)
            this.BackColor = Color.Purple;
}
```

5.11.3 案例练习

【练习 5.8】 创建如图 5.22 所示的应用程序，即在【练习 5.7】的基础上进行改动，将"爱好"的选项放在分组框中。

图 5.22 案例练习图例

5.12　选项卡控件（TabControl）

5.12.1　知识点

1. 用　途

　　TabControl 是在 Windows 操作系统中经常看到的选项卡控件，它由多个选项卡组成。选项卡控件的设计效果如图 5.23 所示，其中包含 3 个选项卡。

图 5.23　选项卡控件的设计效果

　　选项卡控件中的选项卡可以在设计时添加，也可以在运行时添加。选中选项卡控件，单击其任务菜单按钮（右上角的三角形按钮），打开任务列表，如图 5.24 所示。通过执行"添加选项卡"和"移除选项卡"命令，可改变控件中的选项卡。

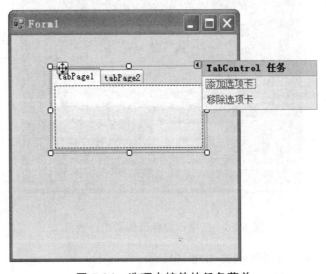

图 5.24　选项卡控件的任务菜单

2. 常用属性（表 5.19）

表 5.19　选项卡控件的常用属性

名　称	说　明
Appearance	选项卡标签的显示样式
ShowToolType	是否显示选项卡的工具提示
SizeMode	指示选项卡如何进行大小调整
TabPage	各选项卡集合，可添加、修改选项卡
SelectedIndexChanged	切换选项卡时触发的事件

3. 事　件

选项卡控件响应的事件主要是 SeletedIndexChanged 事件，当切换选项卡时触发该事件。

5.12.2　教学案例

【**案例 5.9**】　在窗体中创建 2 个选项卡，如图 5.25 所示。编写程序，在第一个选项卡中设置窗体的前景色，在第二个选项卡中设置选项卡的背景色。

图 5.25　选项卡控件示例的运行效果

窗体和控件的主要属性设置如表 5.20 所示。

表 5.20 窗体和控件的属性设置

控 件	属 性	值
Form	Text	选项卡控件示例
TabPage0	Text	前景色
TabPage1	Text	背景色

注：其他控件属性设置，参考【案例 5.8】。

编写事件过程：

```csharp
private void button1_Click(object sender, EventArgs e)
{
    if (rdbYellow.Checked)
        this.ForeColor = Color.Yellow;
    if (rdbWhite.Checked)
        this.ForeColor = Color.White;
    if (rdbRed.Checked)
        this.ForeColor = Color.Red;

}


private void button2_Click(object sender, EventArgs e)
{
    if (rdbBlack.Checked)
    {
        //设置选项卡 1 的背景色
        this.tabControl1.TabPages[0].BackColor = Color.Black;
        //设置选项卡 2 的背景色
        this.tabControl1.TabPages[1].BackColor = Color.Black;
    }
    if (rdbBlue.Checked)
    {

        this.tabControl1.TabPages[0].BackColor = Color.Blue;
        this.tabControl1.TabPages[1].BackColor = Color.Blue;
    }
    if (rdbPurple.Checked)
    {
        this.tabControl1.TabPages[0].BackColor = Color.Purple;
        this.tabControl1.TabPages[1].BackColor = Color.Purple;
    }
}
```

5.12.3 案例练习

【练习5.9】 创建如图5.26所示的应用程序，将"基本信息""爱好"和"自我简介"分别放在3个选项卡中进行输入。

图 5.26 案例练习图例

5.13 菜单控件（MenuStrip）

5.13.1 知识点

1. 用 途

菜单是用户交互中非常重要的组成部分。Windows 窗体中的菜单是使用 MenuStrip 控件创建的。每一个 MenuStrip 控件由若干个 MenuItem 对象组成。

2. 常用属性（表5.21）

表 5.21 菜单控件的常用属性

名 称	说 明
ShortcutKeys	与菜单项关联的快捷键，通常由 Ctrl、Shift、Alt 和 F1～F12 或字母的组合构成
Text	菜单项的显示文本
MergeIndex	菜单内的匹配和定位，默认为 −1
MergeAction	匹配成功时采取的操作

3. 事 件

Click 事件是 MenuItem 的常用事件。

5.13.2　教学案例

【案例 5.10】　在窗体中创建 1 个菜单控件，如图 5.27 所示。

图 5.27　菜单控件示例的运行效果

窗体和控件的属性设置如表 5.22 所示。

表 5.22　窗体和控件的属性设置

控件	属性	值
Form	Text	菜单控件示例
顶级菜单 1	Text	文件(&F)
子菜单 1	Text	新建(&N)
子菜单 2	Text	打开(&O)
分隔线	Text	-
子菜单 3	Text	保存(&S)
子菜单 4	Text	退出(&X)
顶级菜单 2	Text	编辑(&E)
子菜单 1	Text	剪切(&T)
子菜单 2	Text	复制(&C)
子菜单 3	Text	粘贴(&P)

5.13.3　案例练习

【练习 5.10】　以记事本为参考，创建一个菜单，如图 5.28 所示。

图 5.28　案例练习图例

5.14　打开文件对话框控件（OpenFileDialog）

5.14.1　知识点

1. 用　途

OpenFileDialog 控件可检查某个文件是否存在并打开该文件。如果程序提供上传功能，则通过此控件，允许用户以可视化的视图方式，上传需要的文件。

2. 常用属性（表 5.23）

表 5.23　OpenFileDialog 控件的常用属性

名　称	说　明
InitialDirectory	设置对话框打开时的初始目录
Filter	设置对话框的文件名筛选器
FilterIndex	设置筛选器的初始索引值
RestoreDirectory	关闭对话框前是否还原目录

3. 事 件

当用户单击"打开"按钮时，触发 OpenFileDialog 控件的 FileOK 事件。

4. 其他对话框

除了 OpenFileDialog 控件，Visual Studio 2008 还提供了 SaveFileDialog、ColorDialog 和 FontDialog 控件。其中 ColorDialog 控件提供一个选择颜色的对话框，FontDialog 控件提供一个选择字体的对话框。

5.14.2 教学案例

【案例 5.11】 在【案例 5.10】的基础上，在"打开"菜单命令下添加"打开文件对话框"，用于在系统中打开 1 个文本文件，并显示在窗体上的 RichTextBox 中，如图 5.29 所示。

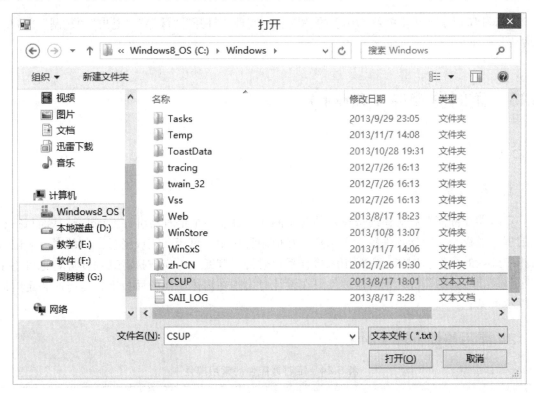

图 5.29 OpenFileDialog 控件示例的运行效果

编写事件过程：

```
private void 打开OToolStripMenuItem_Click(object sender, EventArgs e)
{
    //设置对话框的初始目录
    openFileDialog1.InitialDirectory = "c:\\";
    //设置对话框的筛选器
```

```
openFileDialog1.Filter = "文本文件（*.txt）|*.txt|RTF 文件（*.rtf）
                          |*.rtf|所有文件（*.*）|*.*";
//设置对话框的初始筛选类型
openFileDialog1.FilterIndex = 2;
if (openFileDialog1.ShowDialog() == DialogResult.OK)
{
        richTextBox1.LoadFile(openFileDialog1.FileName,
        RichTextBoxStreamType.PlainText);
}
}
```

5.14.3　案例练习

【练习 5.11】　在【练习 5.10】的基础上，实现"打开""保存""退出""复制""剪切""粘贴"等菜单命令的功能。

5.15　定时器控件（Timer）

5.15.1　知识点

1. 用　途

定时器控件能够有规律地按设定的时间间隔，触发一个定时器事件（Tick），从而执行相应的事件过程。定时器控件独立于用户，在应用程序中，可用来完成经过一定的时间间隔进行相应处理的操作。例如，它常用来检查系统时钟，判断是否应该执行某项任务，也可用于动态监控、动画制作等。定时器控件只在设计时出现在窗体下面的面板上，运行时，定时器控件不可见。

2. 常用属性（表 5.24）

表 5.24　定时器控件的常用属性

名　称	属性或事件	说　明
Name	属　性	控件的标识，在当前页面必须是唯一的
Enabled	属　性	该属性为 True 就启动 Timer 控件，也就是每隔 InterVal 属性指定的时间间隔调用一次 Tick 事件；该属性为 False，则停止使用 Timer 控件。默认为 False
InterVal	属　性	设置定时器事件触发的时间间隔，单位为毫秒

3. 事　件

定时器控件只响应一个 Tick 事件。定时器控件在间隔一个 Interval 属性设定的时间间隔后，便触发一次 Tick 事件。

5.15.2　教学案例

【案例 5.12】　在窗体中创建一个数字计时器，如图 5.30 所示。

图 5.30　定时器控件示例的运行效果

窗体和控件的属性设置如表 5.25 所示。

表 5.25　窗体和控件的属性设置

控　件	属　性	值
Form	Text	定时器控件示例
Label	Name Text	lblTime 空
Timer	Name Enabled Interval	timer1 True 1000

编写事件过程：

```
private void timer1_Tick(object sender, EventArgs e)
{
    lblTime.Text = DateTime.Now.ToString();
}
```

5.15.3 案例练习

【**练习 5.12**】 在【练习 5.11】的基础上，在窗体下方添加 1 个状态栏，并在状态栏中显示系统当前时间，如图 5.31 所示。

图 5.31　案例练习图例

5.16 综合应用

【**案例 5.13**】 设计如图 5.32 所示的窗体界面。单击"确认"按钮时，输出学生的详细信息；单击"清除"按钮时，删除学生的信息。

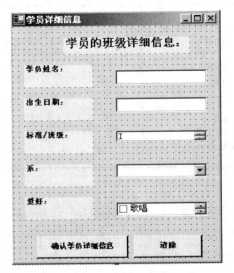

图 5.32　窗体界面

1. 案例分析

该案例主要考查同学们对于控件的属性及事件的掌握程度。

2. 操作步骤

（1）启动 Microsoft Visual Studio.NET。

（2）选择"文件"/"新建"/"项目"，新建一个项目。

（3）在"项目类型"中选择"Visual C#项目"，并从"模板"中选择"Windows 应用程序"。

（4）为项目设置一个名称，并设置项目的存放位置。

（5）设计窗体的界面，方法为：从工具箱中拖动控件并将它们放置在窗体中。

（6）设置控件的属性，如表 5.26 所示。

表 5.26 控件的属性设置

控　件	属　性	值	控　件	属　性	值
Form	Text BackColor	学员详细信息 Lavender	TextBox	Name Text	txtName
Label	Name BackColor Font ForeColor Text	LabelTitle LavenderBlush 宋体，12pt，字形=粗体 DarkMagenta 学员的班级详细信息：	TextBox	Name Text	txtDtofBirth
Label	Name BackColor Font ForeColor Text	LabelName LavenderBlush 宋体，8pt，字形=粗体 DarkMagenta 学员姓名：	ListBox	Name Items	ListStd I；II；III；IV；V； VI；VII；VIII；IX； X
Label	Name BackColor Font ForeColor Text	LabelDate LavenderBlush 宋体，8pt，字形=粗体 DarkMagenta 出生日期：	ComboBox	Name Items	cbDiv A B C D
Label	Name BackColor Font ForeColor Text	LabelStd LavenderBlush 宋体，8pt，字形=粗体 DarkMagenta 标准/班级：	CheckedList Box	Name Items	checkedListHobby 唱歌；跳舞；冲浪； 游泳；阅读；旅游
Label	Name BackColor Font ForeColor Text	LabelDiv LavenderBlush 宋体，8pt，字形=粗体 DarkMagenta 系：	Button	Name Text BackColor Font ForeColor	buttonConfirm 确认学员详细信息 LavenderBlush 宋体，8pt，字形=粗体 DarkMagenta
Label	Name BackColor Font ForeColor Text	LabelHobby LavenderBlush 宋体，8pt，字形=粗体 DarkMagenta 爱好：	Button	Name Text BackColor Font ForeColor	buttonClear 清除 LavenderBlush 宋体，8pt，字形=粗体 DarkMagenta

（7）添加控件逻辑代码。

（8）保存应用程序。

3. 程序源代码

（1）将用户选择的"标准/班级"信息存储在 public 变量 std 中。声明变量：

```
public string std;
```

（2）在 ListBox 控件 ListStd 的 SelectedIndexChanged 事件中输入下列代码：

```
private void ListStd_SelectedIndexChanged(object sender, EventArgs e)
    {
        std = ListStd.Text;
    }
```

（3）类似地，将用户选择的"系"存储在 public 变量 div 中。声明变量：

```
public string div;
```

（4）在 ComboBox 控件 cbDiv 的 SelectedIndexChanged 事件中输入下列代码：

```
private void cbDiv_SelectedIndexChanged(object sender, EventArgs e)
    {
        div = cbDiv.Text;
    }
```

（5）当用户单击"确认学员详细信息"按钮时，确认其输入的详细信息。

在 buttonConfirm 按钮的 Click 事件中，输入下列代码：

```
private void buttonConfirm_Click(object sender, EventArgs e)
    {
        int cnt;
        string hobby="";
        cnt = checkedListHobby.CheckedItems.Count;
        for (int y=0; y<cnt; y++)
        {
            hobby = hobby + checkedListHobby.CheckedItems[y] + ",";
        }
        MessageBox.Show(txtName.Text + " 出生于 " + txtDtofBirth.Text + " 来
自标准/班级 " + std + ", 系 " + div + " 具有下列爱好 " + hobby );
    }
```

（6）"清除"按钮用于清除用户输入的值。在 buttonClear 按钮的 Click 事件中输入下列
代码：

```
private void buttonClear_Click(object sender, EventArgs e)
    {
        this.txtName.Text = "";
        txtDtofBirth.Text = "";
        cbDiv.Text = "";
```

```
ListStd.ClearSelected();
checkedListHobby.Items.Clear();
this.checkedListHobby.Items.AddRange(new object[]
{"唱歌","跳舞","冲浪","游泳","阅读","旅游"});
}
```

4. 程序运行结果

要查看输出结果，请执行下列给定步骤：

（1）通过选择"生成"/"生成解决方案"来生成解决方案。

（2）通过选择"调试"/"启动"来运行程序。

（3）在控件中输入值，如图 5.33 所示。

（4）通过单击"确认学员详细信息"按钮，确认详细信息。输出结果如图 5.34 所示。

（5）通过单击"清除"按钮清除详细信息。

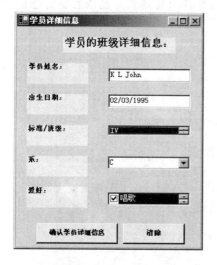

图 5.33　输入详细信息

图 5.34　输出结果

【本章小结】

Windows 窗体和控件是开发 C#应用程序的可视化界面的基础。本章主要介绍了 Visual Studio 2008 中的工具箱中的各种控件，详细介绍了控件的属性、方法和事件。Windows 控件的使用，将大大减少开发人员的工作量，提高工作效率，强化分工协作的能力。

【课后习题】

（1）Windows 窗体控件常用的基本属性有哪些？

（2）创建一个 Windows 应用程序。使用该程序，用户可以验证为预订飞机票而输入的详细信息。该应用程序应具有下列功能：

① 允许用户输入票号、乘客名称、护照号和飞行日期。

② 允许用户选择始发地、目的地和舱位等级。

③ 允许用户从所提供的列表中选中相应的服务。

④ 如果始发地与目的地相同，单击"验证"按钮后会显示错误信息。

⑤ 单击"清除"按钮会清除控件的内容。

该窗体可具有如图 5.35 所示的用户界面，也可根据您的选择更改控件的前景色、背景色、字体类型。

（3）创建一个 Windows 应用程序。通过该程序，用户能够进行些算术计算，如加、减、乘、除。应用程序应包含两个窗体。第一个窗体应是 MDI 窗体，其中包含下列菜单：

选择"启动"菜单项将打开第二个窗体。第二个窗体应具有如图 5.36 所示外观。窗体将接受用户输入的两个数字。基于从工具栏中选择的算术运算得出的结果应显示在状态栏控件的面板中。

选择"退出"将从应用程序中退出。

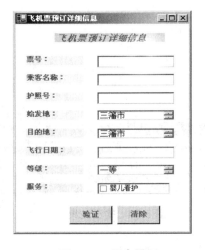

图 5.35 用户界面

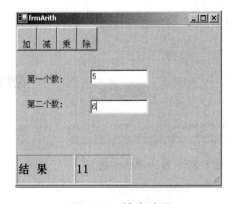

图 5.36 输出结果

【上机实训】

（1）创建允许用户输入"员工"详细信息的 Windows 应用程序。该应用程序应具有下列功能：

① 允许用户输入"员工名称""员工地址"和"加入日期"。

② 允许用户从所提供的列表中选择"教育"信息。

③ 允许用户从所提供的列表中选择部门或者输入部门名称。

④ 点击"保存"按钮，确认用户输入的详细信息。

⑤ 点击"清除"按钮，会清除控件的内容。在最初，应禁用"清除"按钮。

⑥ 点击"退出"按钮，应使用户能够从应用程序中退出。

窗体可具有如图 5.37 所示的用户界面，也可根据您的选择更改控件的前景色、背景色、字体类型。

图 5.37 用户界面

（2）创建一个 Windows 应用程序。通过该程序，用户能够进行一些算术计算，如加、减、乘、除。应用程序应包含两个窗体。第一个窗体应是 MDI 窗体，其中包含下列菜单：

计算器（C）
启动（S）

选择"启动"菜单项应打开第二个窗体。

第二个窗体应具有下面的菜单：

算术计算（A）	退出（X）
加	
减	
除	
乘	

该窗体接受用户输入的两个数字。基于所选的菜单项计算得出的结果应显示在标签控件中。选择"退出"将从应用程序中退出。

窗体可以具有如图 5.38 所示的界面。

图 5.38 用户界面

第6章　数据库处理技术 ADO.NET

【学习目标】

☞ 掌握 ADO.NET 的工作原理及基本组成；

☞ 掌握创建和使用 ADO.NET 中的 Connection、Command、DataReader、DataApdapter 对象以及 DataSet 对象的方法。

【知识要点】

📖 创建和使用 ADO.NET 的 Connection 和 Command 对象；

📖 使用 DataApdapter 和 DataReader 对象；

📖 使用 DataTablest 和 DataSet 对象；

📖 使用 DataSet 对象修改数据。

6.1　ADO.NET 概述

1．什么是 ADO.NET？

ADO.NET 是 Microsoft.NET 框架中引入的一个组件。它提供可伸缩且可跨平台操作的数据访问功能。它之所以能实现可伸缩性和互操作性，是因为使用了"可扩展标记语言"（XML），该语言可以在不同的应用层之间传输数据。XML 是 ADO.NET 中数据传输的基本格式，无论数据是从数据库传输到临时存储对象（数据集），还是从数据集传输到显示数据的前端控件。因此，支持 XML 的任何应用程序都可以借助 ADO.NET 访问和处理数据。

使用 ADO.NET 便于访问 SQL Server 之类的传统数据库，以及使用 OLE DB 和 XML 访问的数据库。任何客户端/服务器应用程序都可使用 ADO.NET 访问和操纵数据。

2．ADO.NET 的优点

ADO.NET 具有很多优点，可通过网页简化数据操纵过程。以下是其最显著的一些优点。

➤ 互操作性。

由于数据集以 XML 格式保存，因此，使用不同工具开发的组件可通过数据集相互进行通信。

➤ 性能。

在早期的模型(ADO)中，当使用记录集借助 COM 传输数据时，必须将记录集中的数据转换为 COM 数据类型。但是，在使用 ADO.NET 数据集时，将不必执行此数据类型转换，因为数据集是以 XML 格式传输的。由于数据集采用 XML 格式，因此无须进行数据类型转换。

> 可伸缩性。

使用记录集时，随着用户数量的增加，需要的连接数也会增加。并且，用于维护这些连接的开销的增加会使应用程序性能的发挥受到成本的限制。ADO.NET 使用一种非连接模型，这意味着不需要始终保持连接状态，因此，此类模型可大大减少开销。这样，在增加应用程序的容量时，就不必再担心维护开销的增加。

> 标准化。

由于数据集中的数据可以以 XML 格式保存，并且可以以 XML 格式在不同层之间传输，因此可实现数据的标准化。

> 可编程能力。

在 ADO.NET 中，C#和 VB.NET 之类的语言可用于编程，从而为开发人员提供了强类型环境。这在 ADO 中是不可能实现的。

3. ADO.NET 工作原理及结构

通常，在应用程序中访问数据库的一般过程为：首先必须连接数据库；接着发出 SQL 语句，告诉数据库要进行什么样的工作；最后由数据库返回所需的数据记录。

在 ADO.NET 中包含数据集和数据提供程序两个非常重要并且相互关联的核心组件。它们的关系如图 6.1 所示。

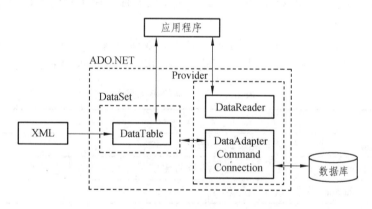

图 6.1 ADO 体系结构

在 ADO.NET 中，上述访问数据库的 3 项工作，分别由 3 个对象来完成：Connection 对象负责连接数据库，Command 对象负责下达 SQL 命令，DataSet 对象用来保存所查询到的数据记录。

6.2 数据库连接对象（SqlConnection）

1. 什么是数据库连接？

在传统的客户端/服务器应用程序中，组件将建立与数据库的连接，并在应用程序运行过程中使连接保持打开状态。在大多数情况下，数据库只可以维持少量的并发连接。维持这些连接的系统开销将降低应用程序的总体性能。同样，需要打开数据库连接的应用程序很难按比例扩展，这样的话，使用效率显而易见。

因此，使用 ADO.NET 进行数据访问是以有节制地使用连接的结构为中心进行了设计的，应用程序连接到数据库的时间仅足够获取或更新数据。因为数据库并未被大部分时间空闲的连接占用，所以它可以为更多的用户提供服务。

如果要访问数据源中的数据，必须先与数据库建立连接，在应用程序中即创建 Connection 对象。Connection 对象主要用于建立与指定数据源的连接，处理访问数据源时所需要的安全设置。通过 Connection 对象打开数据库连接，是操作数据库的前提和基础。可以使用几个类来创建 Connection 对象，通常有：

（1）SqlConnection 类：管理与 SQL Server 7.0 版或更高版本的连接。该类位于 System.Data.Sqlclient 命名空间。

（2）OLEDBConnection 类：管理与可能通过 OLE DB 访问的数据源的连接。该类位于 System.Data.OleDb 命名空间。

2. SqlConnection 对象的成员

1）属 性

ConnectionString 是 SqlConnection 对象最基本的属性，用于获取或设置打开 SQL Server 数据库的字符串。

要连接一个数据库，必须指明数据库的种类、数据库服务器的名称、数据库的名称、登录名称和密码等信息。这些信息就构成了连接字符串。其参数如表 6.1 所示。

表 6.1　连接字符串的参数

参　数	说　明
Provider	设置连接提供程序的名称
Connection Timeout	等待连接到服务器的连接时间长度（以秒为单位）
Initial catalog 或 database	数据库的名称
Data source 或 server	数据库所在服务器的名称
Password 或 pwd	SQL Server 身份认证的登录密码
User id 或 uid	SQL Server 身份认证的登录账户
Integrated security	windows 身份认证的用户登录信息

2）方 法

Connection 对象包含两个重要的方法：Open（）方法和 Close（）方法，分别用于打开连接和关闭连接。打开和关闭数据库是进行数据库操作必不可少的步骤。

3. 创建应用程序与数据库的连接

下面以自定义数据库 jkxWebDb 为例，说明如何创建与数据库的连接。

（1）添加命名空间 System.Data.SqlClient。

（2）创建 SqlConnection 对象。

➤ 方法 1：利用 SqlConnection 类的无参数构造函数创建一个未初始化的 SqlConnection 对象，再用一个连接字符串初始化该对象。

```
SqlConnection conn = new SqlConnection();
conn.ConnectionString="data source=.;database=jkxWebDb;integrated
security=true";
```

➤ 方法 2：利用 SqlConnection 的有参数构造函数创建一个 SqlConnection 对象，并为该构造函数的参数指定一个连接字符串。

```
SqlConnection conn = new SqlConnection("data source=.;database=jkxWebDb;
integrated security=true");
```

（3）打开数据库连接。

调用 SqlConnection 对象的 Open 方法，打开数据库连接。

```
conn.Open();
```

（4）关闭此连接。

在对数据库的操作完成之后，需要关闭已打开的数据库连接。

```
conn.Close();
```

6.3 数据库命令执行对象（SqlCommand）

6.3.1 知识点

数据库命令，简单来说就是 SQL 语句。其中可以包含 Insert、Update、Delete、Select 等所有 SQL Server 支持的命令语法。

1. SqlCommand 对象的成员

SqlCommand 对象可以在数据源中执行 SQL 语句或存储过程，并从数据源返回结果。SqlCommand 对象常用的构造函数包括两个重要的参数，一个是要执行的 SQL 语句，另一个是已建立的 SqlConnection 对象。

1）属性（表 6.2）

表 6.2　SqlCommand 对象的属性

名　称	说　明
Connection	与 Command 对象关联的 Connection 对象
CommandType	Command 对象发布的命令的类型
CommandText	Command 对象发布的命令的内容

2）方法（表 6.3）

表 6.3 SqlCommand 对象的方法

名　　称	说　　明
ExecuteNonQuery	该方法对 Connection 对象建立的连接进行不返回任何行的查询，如 Updeae（更新）、Delete（删除）和 Insert（插入）。该方法返回一个整型（Integer）数据，表示受查询影响的行数
ExecuteReader	对 Connection 对象建立的连接执行一个 CommandText 属性中定义的命令，返回一个仅向前的、只读的数据集 DataReader 对象。该对象连接到数据库的结果集上，允许行检索
ExecuteScalar	该方法对 Connection 对象建立的连接执行 CommandText 属性中定义的命令，但只返回结果集中的第 1 行第 1 列的值

2. 创建 SqlCommand 对象

（1）利用 SqlCommand 类的无参数构造函数创建一个未初始化的 SqlCommand 对象，再用一个连接字符串初始化该对象。

```
SqlCommand comm = new SqlCommand();
comm.Connection = conn;
comm.CommandText = "select * from webUsers";
```

（2）利用 SqlCommand 的有参数构造函数创建一个 SqlCommand 对象，并为该构造函数的参数指定一个连接字符串及 SQL 命令。

```
SqlCommand comm = new SqlCommand("select * from webUsers",conn);
```

6.3.2 教学案例

【案例 6.1】 向数据库 jkxWebDb 中注册一个新的用户。

1. 案例分析

使用 SqlCommand 执行数据库 jkxWebDb 中的用户表 webUsers 的新增操作。

2. 操作步骤

（1）建立 SqlConnection 对象，打开到数据库 jkxWebDb 的连接。

（2）创建 SqlCommand 对象，设置 Insert 命令。

（3）调用 ExecuteNonQuery 方法，执行命令。

（4）判断执行结果。

（5）关闭数据库连接。

3. 程序源代码

```csharp
//创建连接对象
SqlConnection conn = new SqlConnection();
conn.ConnectionString = "data source=.;database=jkxWebDb;integrated security=sspi";
//创建命令对象
SqlCommand comm = new SqlCommand();
//关联连接对象
comm.Connection = conn;
//命令类型
comm.CommandType = CommandType.Text;
//发布操作命令
comm.CommandText = "insert into webUsers values ('"+txtName.Text+"','" + txtPwd.Text + "')";
int result = 0;
try
{
    //打开数据库连接
    conn.Open();
    //执行命令
    result = comm.ExecuteNonQuery();
    if (result == 1)
    {
        MessageBox.Show("注册成功");
    }
    else
    {
        MessageBox.Show("注册失败");
    }
}
catch (SqlException ex)
{
    MessageBox.Show(ex.Message);
}
finally
{
    conn.Close();//关闭数据库连接
}
```

【案例 6.2】 已注册用户登录系统。

1. 案例分析

使用 SqlCommand 执行数据库 jkxWebDb 中的用户表 webUsers 的单条记录查询操作。

2. 操作步骤

（1）建立 SqlConnection 对象，打开到数据库 jkxWebDb 的连接。

（2）创建 SqlCommand 对象，设置 select 命令。

（3）调用 ExecuteScalar 方法，执行命令。

（4）判断执行结果。

（5）关闭数据库连接。

3. 程序源代码

```
//创建连接对象
SqlConnection conn = new SqlConnection();
conn.ConnectionString = "data source=.;database=jkxWebDb;integrated security=sspi";
//创建命令对象
SqlCommand comm = new SqlCommand();
//关联连接对象
comm.Connection = conn;
//命令类型
//comm.CommandType = CommandType.Text;
//发布操作命令
//comm.CommandText = "select userpass from webUsers where userid='"+ txtName.Text+"'";
comm.CommandText = "select count(*) from webUsers where userid='" + txtName.Text + "' and userpass='" + txtPwd.Text + "'";
int  result=0;
try
{
    //打开数据库连接
    conn.Open();
    //执行命令
    result=Convert.ToInt16(comm.ExecuteScalar());
    if (result == 1)
```

```
        {
            MessageBox.Show("登录成功");
        }
        else
        {
            MessageBox.Show("登录失败");
        }
    }
    catch (SqlException ex)
    {
        MessageBox.Show(ex.Message);
    }
    finally
    {
        conn.Close();//关闭数据库连接
    }
```

6.3.3　案例练习

【练习 6.1】　在 jkxWebDb 中为自己注册一个用户，并返回注册成功与否的信息。

6.4　数据阅读对象（SqlDataReader）

6.4.1　知识点

1. 什么是数据阅读对象？

SqlDataReader 提供了一种读取通过在数据源执行查询命令获得的结果集中的数据的方法。SqlDataReader 是实现 IDataReader 接口的类，若要创建 SqlDataReader 对象，必须调用 SqlCommand 对象的 ExecuteReader 方法，而不直接使用构造函数。SqlDataReader 是一个包含表格形式（即行和列）的查询结果集。可通过 SqlDataReader 对象的属性或方法访问 SqlDataReader 中的数据。

2. SqlDataReader 对象的成员

1）属　性

FieldCount：获取当前行的列数。

2）方法（表6.4）

表 6.4　SqlDataReader 对象的方法

名　称	说　明
Read	遍历结果集。每调用一次，使 DataReader 对象前进到下一条记录，如果没有记录了，则返回 false
Close	关闭 DataReader 对象。
Get[列对应数据类型]（列索引）	用来读取数据集的当前行的某一列的数据。 示例： ➤ 按照结果集的列索引读数据。 　　MessageBox.Show(sdr[0].ToString() + sdr[1].ToString()); ➤ 按照结果集的列名称读数据。 　　MessageBox.Show(sdr["depName"].ToString()); ➤ 调用 Get 方法读取数据。 　　MessageBox.Show(sdr.GetString(1));

3. 创建 SqlDataReader 对象

```
SqlDataReader sdr;
sdr = comm.ExecuteReader();
```

4. 遍历 SqlDataReader 中的数据

```
SqlConnection conn = new SqlConnection();
conn.ConnectionString = "data source=.;database=jkxWebDb;integrated security=true";
SqlCommand comm = new SqlCommand();
comm.Connection = conn;
comm.CommandText = "select * from webUsers";
SqlDataReader sdr; //声明数据阅读对象
try
{
    conn.Open();
    sdr = comm.ExecuteReader();//创建数据阅读对象
    while (sdr.Read())
    {
        MessageBox.Show("用户名：" + sdr.GetString(0) + "密码：" + sdr.GetString(1));
    }
}
catch (SqlException ex)
{
```

```
        MessageBox.Show(ex.Message);
    }
    finally
    {
        sdr.Close();//关闭数据阅读对象
        conn.Close();
    }
```

6.4.3　教学案例

【案例 6.3】　查询数据库 jkxWebDb 中的所有用户记录。

1. 案例分析

使用 SqlCommand 执行数据库 jkxWebDb 中的用户表 webUsers 的查询操作。

2. 操作步骤

（1）建立 SqlConnection 对象，打开到数据库 jkxWebDb 的连接。
（2）创建 SqlCommand 对象，设置 select 命令。
（3）调用 ExecuteReader 方法，执行命令。
（4）判断执行结果。
（5）关闭数据库连接。

3. 程序源代码

```
//创建连接对象
SqlConnection conn = new SqlConnection();
conn.ConnectionString = "data source=.;database=jkxWebDb;integrated
security=sspi";
//创建命令对象
SqlCommand comm = new SqlCommand();
//关联连接对象
comm.Connection = conn;
//命令类型
comm.CommandType = CommandType.Text;
//发布操作命令
comm.CommandText = "select * from webUsers";
SqlDataReader sdr;
try
{
```

```
        //打开数据库连接
        conn.Open();
        //执行命令
        sdr = comm.ExecuteReader();
        while (sdr.Read())
        {
            cmbDep.Items.Add(sdr.GetString(1));
        }
    }
catch (SqlException ex)
{
    MessageBox.Show(ex.Message);
}
finally
{
    conn.Close();//关闭数据库连接
}
```

6.4.4　案例练习

【练习 6.2】　将【练习 6.1】中注册的用户信息显示在窗体中。

6.5　数据集（DataSet）

1. 什么是数据集？

DataSet 和前面介绍的 SqlConnection、SqlCommand、SqlDataReader，都是 ADO.NET 2.0 的主要组件，但 DataSet 在命名控件 System.Data 内，同时其使用方法也与其他几个对象不同。

DataSet 表示缓存在内存中的数据。从数据集的结构图中可以了解到，DataSet 由一系列的对象组成，如 DataTable、DataRelation 等。DataSet 可将数据和架构作为 XML 文档进行读写。数据和架构可通过 HTTP 传输，并在支持 XML 的任何平台上被任何应用程序使用。通过这一点可以看出，使用 DataSet 操作 XML 文件变得非常容易。又因为 DataSet 可以轻松地读取数据库中的数据，所以数据库、数据集、XML 文件三者之间有了充分的交互，可根据实际应用环境，更改数据的存储格式。

DataSet 通过 DataAdapter 与.NET Framework 数据提供程序交互,使用 DataAdapter 的 Fill 方法，也可以方便地填充数据集。DataSet、DataAdapter 和.NET Framework 数据提供程序三者之间的关系如图 6.2 所示。

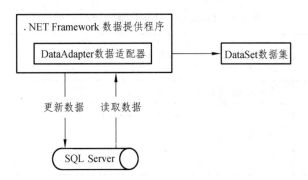

图 6.2　DataSet、DataAdapter 和.NET Framework 数据提供程序之间关系

2. DataTable 对象

DataTable 对象不是 DataSet 对象中的成员，而是 DataSet 组织结构的一部分。DataTable 也是 ADO.NET 中的核心对象。

DataTable 对象最常用的成员如表 6.5 所示。

表 6.5　Data Table 对象最常用的成员

名　　称	说　　明
Columns	获取当前 DataTable 内的所有列
Rows	获取当前 DataTable 内的所有行
AcceptChanges	提交自上次调用 AcceptChanges 以来对该表进行的所有更改。此方法在修改数据的时候非常重要
NewRow	根据表的结构，创建一个新行
ReadXml	将 XML 架构和数据读入 DataTable
WriteXml	将 DataTable 的当前内容以 XML 格式写入

在操作 XML 方面，ReadXml 和 WriteXml 方法可以提供非常简单的操作，使用方法代码如下：

```
//创建表
DataTable tb = new DataTable();
tb.Columns.Add("姓名");
tb.Rows.Add("张三");
tb.WriteXml("c:\\test.xml");//写入 test.xml 文件
tb.ReadXml("c:\\test.xml");//读取 test.xml 文件
```

3. DataColumn 对象

DataColumn 对象是 DataTable 对象的核心内容。DataColumn 表示 DataTable 的列，正是这些列组成了 DataTable 的架构。DataColumn 对象相当于数据表中的字段。

DataColumn 对象的主要功能是管理 DataTable 的架构，所以其成员多是对表中列属性的设置。表 6.6 列出的是 DataColumn 对象常用的成员。

表 6.6　Data Column 对象常用的成员

名　称	说　明
AllowDBNull	是否允许列为空
AutoIncrement	是否是自增长列
DataType	列的数据类型，一般以"typeof（数据类型）"的方式为此属性赋值
DefaultValue	列的默认值
MaxLength	文本列的最大长度

通过上述成员可以看出，DataColumn 对列的设计类似于数据库中对字段的设计。几乎所有在数据库中对字段可以设计的属性，在 DataColumn 中都能以编程方式实现。

```
//第一种创建架构的方法
DataTable tb1 = new DataTable("Table1");//创建表
tb1.Columns.Add("姓名",typeof(string));//添加列
tb1.Columns.Add("年龄", typeof(int));//添加列
tb1.AcceptChanges();//提交改变
//导出表结构到当前目录的 TableFile1.xml 文件中
tb1.WriteXmlSchema(Server.MapPath("~/") + TableFile1.xml);

//第二种创建架构的方法
DataColumn dc1 = new DataColumn("姓名");//创建列
dc1.DataType = typeof(string);//指定列类型
DataTable tb2 = new DataTable("Table2");//创建表
tb2.Columns.Add(dc1);//添加列
tb2.AcceptChanges();//提交改变
//导出表结构到当前目录的 TableFile2.xml 文件中
tb2.WriteXmlSchema(Server.MapPath("~/") + TableFile2.xml);
```

4. DataRow 对象

DataRow 表示数据表的行，其与 DataColumn 共同组成了 DataTable。它们一个是数据，一个是结构。DataRow 主要是对 DataTable 内的数据进行增加、修改、删除、更新等操作。

DataRow 一般不通过 new 关键字来创建，需要使用 DataTable 的方法 NewRow 来创建。

```
//创建表
DataTable tb = new DataTable();
//添加列，注意列的类型
tb.Columns.Add("姓名",typeof(string));
tb.Columns.Add("地址", typeof(string));
tb.Columns.Add("联系电话", typeof(string));
//添加行内容
```

```
DataRow row = tb.NewRow();
row["姓名"] = "张三";
row["地址"] = "四川遂宁";
row["联系电话"] = "12345678912";
tb.Rows.Add("row");
//提交更改
tb.AcceptChanges();
```

5. 使用 DataAdapter 填充 DataSet 对象

DataAdapter 是连接数据提供程序和 DataSet 之间的桥梁，其中如果操作的是 SQL Server 数据库，可以使用 SqlDataAdapter 对象。SqlDataAdapter 是专门用于 SQL Server 数据的适配器。

6.6 数据表格控件（DataGridView）

6.6.1 知识点

DataGridView 控件是一个复杂的表格控件，可用来显示比较复杂的数据关系，也可用于对数据进行增、删、改、查等操作。

1. DataGridView 控件概述

DataGridView 是一个网格形式的控件，可以用于显示较复杂的数据，并且可将数据源中的数据还原为表格的形式显示。它还可以进行可视化的数据操作，简化开发人员的操作。

2. 用向导实现 DataGridView 对 SQL Server 数据源的绑定

操作步骤如下：

（1）在窗体上添加一个 DataGridView 控件。

（2）打开 DataGridView 控件的任务菜单，单击"选择数据源"下拉列表框，如图 6.3 所示。

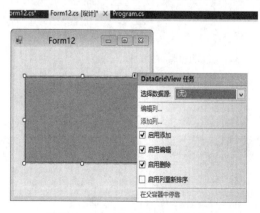

图 6.3　DataGridView 任务菜单

（3）选中"添加数据源"按钮，打开"数据源配置向导"，如图 6.4 所示。

图 6.4　数据源配置向导

（4）选择数据库作为数据源，单击"下一步"按钮，打开"选择数据连接"对话框，如图 6.5 所示。

图 6.5　选择数据连接

（5）通过"新建连接"按钮，可选中数据源所在的服务器和数据库的名称，组成数据连接字符串。

（6）单击"下一步"按钮，打开"选择数据库对象"对话框，选中需要的数据库，还可修改默认生成的 DataSet 的名称。

（7）单击"完成"按钮。

6.6.2 教学案例

【案例 6.4】 实现 DataGridView 的增、删、改。

1. 案例分析

使用 DataGridView 执行数据库 jkxWebDb 中的用户表 webUsers 的操作。

2. 操作步骤

（1）建立 SqlConnection 对象，打开到数据库 jkxWebDb 的连接。

（2）创建 SqlCommand 对象，设置 select 命令。

（3）创建数据集。

（4）填充数据集。

（5）增加数据。

（6）删除数据。

（7）保存数据更新。

3. 程序源代码

```
SqlDataAdapter sda;
DataSet ds;
private void Form12_Load(object sender, EventArgs e)
{
    //创建数据库连接
    SqlConnection conn = new SqlConnection();
    conn.ConnectionString = "data source=.;database=jkxWebDb;integrated
security=sspi";
    //创建数据适配器
    sda = new SqlDataAdapter("select * from webUsers", conn);
    SqlCommandBuilder scmb = new SqlCommandBuilder(sda);
    //创建数据集
    ds = new DataSet();
    //填充数据集
    sda.Fill(ds);
```

```
    //附加数据源
    dataGridView1.DataSource = ds.Tables[0];
}


private void btnSave_Click(object sender, EventArgs e)
{
    //更新 DataSet
    sda.Update(ds);
    MessageBox.Show("数据更新完成");
}


private void btnDelete_Click(object sender, EventArgs e)
{
    DialogResult result = MessageBox.Show(this, "确定要删除吗？", "确认
", MessageBoxButtons.YesNo);
    //判断用户在对话框中的选择
    if (result == DialogResult.Yes)
    {
        //获取用户选择的行
        int rowcount = dataGridView1.SelectedRows.Count;
        int[] col = new int[rowcount];
        //选定要删除的行
        int i;
        for (i = 0; i < rowcount; i++)
        {
            col[i] = dataGridView1.SelectedRows[i].Index;
        }
        //删除行
        int n = 0;
        while (n < rowcount)
        {
            ds.Tables[0].Rows[col[n]].Delete();
            n++;
        }
        //更新 DataSet
          sda.Update(ds);
          MessageBox.Show("删除成功");
    }
}
```

6.6.3 案例练习

【练习 6.3】 将【练习 6.1】中注册的用户信息在 DataGridView 中进行编辑。

【本章小结】

本章介绍了 ADO.NET 中的数据提供程序中的各个对象、Dataset 和 Windows 应用程序中的数据显示控件 DataGridView。通过对本章的学习，学生应了解 ADO.NET 的工作原理，掌握在 Windows 应用程序中进行数据库操作的具体方法。

【课后习题】

（1）ADO.NET 的工作原理是什么？
（2）什么是数据集？
（3）什么是数据适配器？

【上机实训】

建立 Stu 数据库，创建 student 数据表（包含 stuId、stuName、stuAge、stuSex 列）。
（1）创建一个应用程序，在列表框控件中显示 student 数据表中 stuName 列的信息。
（2）在（1）的基础上，在窗体中再添加 4 个文本框，用于在列表框中选中一个学生时，在文本框中分别显示该学生的学号、姓名、年龄和性别。
（3）在（2）的基础上，在窗体中添加 3 个按钮——"添加""删除""修改"，分别用于对文本框中显示的学生信息进行新增、删除或修改的操作。

第 7 章　文件和流

【学习目标】

☞ 了解 System.IO 命名空间中的各种类；
☞ 掌握 C#中的 Stream 流的各种派生类对文件的读写方法；
☞ 掌握 File 类的常用文件操作方法；
☞ 掌握 Directory 的常用目录操作方法。

【知识要点】

📖 System.IO 命名空间中的各种文件操作类；
📖 Stream 派生类的文件读写方法；
📖 File 类对文件的常用操作；
📖 Directory 类对文件的常用操作；
📖 文件操作的综合应用

7.1 System.io 命名空间

System.IO 命名空间包含允许读写文件和数据流的类型以及提供基本文件和目录支持的类型。其中主要的类成员如表 7.1 所示。

表 7.1　System.io 命名空间的主要类成员

类　名	描　述
BinaryReader	以二进制值读取基本数据类型（整型、布尔型、字符串型和其他类型）
BinaryWriter	以二进制值存储基本数据类型（整型、布尔型、字符串型和其他类型）
BufferedStream	为字节流提供临时存储空间，允许以后提交
Directory	通过静态方法实现操作计算机的目录结构
DirectoryInfo	通过一个有效的对象变量来实现操作计算机的目录结构
File	通过静态方法实现操作计算机上的一组文件
FileInfo	通过一个有效的对象变量来实现操作计算机上的一组文件
FileStream	实现文件随机访问（如寻址能力），并以字节流来表示数据
FileStreamWatcher	监控对指定的外部文件的更改

类　名	描　述
MemoryStream	实现对内存（而不是物理文件）中存储的流数据的随机访问
Path	包含文件或目录的路径信息，其返回值为 System.String 类型
StreamWriter	在文件中存储文本信息，不支持随机文件访问
StreamReader	从文件中获取文本信息，不支持随机文件访问
StringWriter	存储字符串缓冲区的文本信息
StringReader	读取字符串缓冲区的文本信息

7.2 stream 流读写文件

7.2.1 知识点

1. Stream 流概述

C#把读写的文件看作顺序的字节流，用抽象类 Stream 代表一个流。Stream 类有许多派生类，如：FileStream 类，以字节为单位读写文件；BinaryRead 和 BinaryWrite 类，以基本数据类型为单位读写文件；StreamReader 和 StreamWriter 类，以字符或字符串为单位读写文件。

2. FileStream 类读写文件

使用 FileStream 类可以建立文件流对象，用来打开和关闭文件。

1）构造函数（表 7.2）

表 7.2　FileStream 类的构造函数

构造函数	描　述
FileStream（string FilePath, FileMode）	此构造函数将要读取或写入的文件的路径以及 FileMode 枚举值中的任一个作为参数
FileStream（string FilePath, FileMode, FileAccess）	此构造函数将要读取或写入的文件的路径、FileMode 枚举值中的任一个以及 FileAccess 枚举值中的任一个作为参数
FileStream（string FilePath, FileMode, FileAccess, FileShare）	此构造函数将要读取或写入的文件的路径、FileMode 枚举值中的任一个、FileAccess 枚举值中的任一个以及 FileShare 枚举值中的任一个作为参数

2）构造函数参数说明

（1）path：文件的相对路径或绝对路径，也可以是文件的名称。

（2）FileMode：指定文件的操作模式。

➤ FileMode.Open：打开文件。

➢ FileMode.OpenOrCreate：如果该文件存在就打开文件，否则创建新文件。

➢ FileMode.CreateNew：新建文件，如果文件已存在，则引发异常。

➢ FileMode.Append：向文件尾追加数据。

（3）FileAccess：指定程序如何访问文件。

➢ FileAccess.Read：只读访问。

➢ FileAccess.ReadWrite：可读写访问。

➢ FileAccess.Write：只写访问。

（4）FileShare：文件共享标志。

➢ None：不共享文件。

➢ Read：只读共享。

➢ Write：只写共享。

➢ ReadWrite：读写共享。

3）方　法

（1）Read：实现对文件的读取。

格式：Read(byte[]array,int offset,int count);

其中 array 为字节数组，offset 为开始读取文件的值，count 为最多可写入的字节数。

（2）Write：将数据写入文件中。

格式：Write(byte[]array,int offset,int count);

（3）ReadByte：从文件中读取一个字节的数据。

格式：ReadByte();

读取一个字节，返回值为 int 型。如果读到末尾，返回值为 – 1。

（4）Close:关闭文件。

格式：Close();

（5）Seek：定位读写位置。

格式：long Seek(long offset,seekOrigin origin)

将读写位置定位到第二个参数的位置，然后再加上偏移量。

4）属　性

（1）Canread、CanSeek、CanWrite：判断对象是否可读、定位、写。

（2）Length:以字节为单位表示文件的长度。

（3）Position：获取当前流对象的当前读写位置。

7.2.2　教学案例

【案例 7.1】　把一个字节数组的数据写到 D:/data.bin 中，然后再把这些数据读到数组中，并显示出来。

1. 写文件数据

程序源代码如下：

```
using System.IO;        //使用文件必须引入的命名空间
class WriteFile
{
    static void Main()
    {
        byte[] data=new byte[10]; //建立字节数组
        for(int i=0;i<10;i++)        //为数组赋值
            data[i]=(byte)i;
        FileStream fs=new FileStream("d://data.bin",FileMode.Create);
                                        //建立流对象
        fs.Write(data,0,10);        //写 data 字节数组中的所有数据到文件
        fs.Close()   //不再使用的流对象，必须关闭。
    } //垃圾收集器不能自动清除流对象
}
```

2. 读文件数据

程序源代码如下：

```
using System.IO;        //使用文件必须引入的命名空间
class ReadFile
{
    static void Main()
    {
        FileStream fs=new  FileStream("d://data.bin",FileMode.Open);
        byte[] data=new byte[fs.Length]; //fs.length 表示文件大小（字节数）
        long n=fs.Read(data,0,(int)fs.Length);
        fs.Close();                //上句 n 为所读字节数
        Console.WriteLine("文件的内容如下：");
        foreach(byte m in data)
            Console.Write("{0},",m);
    }
}
```

7.2.2 案例练习

【练习 7.1】 在【案例 7.1】的基础上，把读写位置定位到文件尾部向前的 5 个位置，判断是否可读写。

7.3 BinaryWriter 类写文件，BinaryReader 类读文件

使用 BinaryReader 和 BinaryWriter 类可以从文件直接读写 bool、String、int16、int 等基本数据类型数据。

7.3.1 知识点

1. BinaryWriter 类写文件

1）构造函数

    BinaryWriter(Stream input)

参数为 FileStream 类对象。

2）方法

    void Write(数据类型 Value)

写入一个由参数指定数据类型的数据。数据类型可以是基本数据类型，如 int、bool、float 等。

2. BinaryReader 类读文件

1）构造函数

    BinaryReader(stream input)

参数为 Filestream 类对象。

2）方　法

（1）ReadBoolean()、ReadByte()、ReadChar()等：读取一个指定数据类型的数据。
（2）byte ReadByte(int count)：读取指定长度的字节数组。

7.3.2 教学案例

【案例 7.2】 用 BinaryWriter 类与 BinaryReader 类实现把一组整型数据写到磁盘文件中，并读出该文件中的数据。

1. 写数据

程序源代码如下：

```
using System;
using System.IO;        //使用文件必须引入的命名空间
class WriteFile
{   static void Main()
    {   FileStream fs=new FileStream
                    ("d://g1.dat",FileMode.Create);
        BinaryWriter w=new BinaryWriter(fs);
```

```
        for(int i=0;i<10;i++)
            w.Write(i);        //写入 int 类型数据
        w.Close();
    }
}
```

2. 读数据

程序源代码如下：

```
using System;
using System.IO;     //使用文件必须引入的命名空间
class ReadFile
{   static void Main()
    {   int[] data=new int[10];
        FileStream fs=new   FileStream("d://g1.dat",FileMode.Open);
        BinaryReader r=new BinaryReader(fs);
        for(int i=0;i<10;i++)
            data[i]=r.ReadInt32();
        r.Close();
        Console.WriteLine("文件的内容如下：");
        foreach(int m in data)
            Console.Write("{0},",m);
    }
}
```

7.3.3 案例练习

【练习 7.2】 随机产生一组整型数据，采用【案例 7.2】中的方法写入磁盘文件中，并用相应的方法读取、显示该磁盘文件。

7.4 StreamWriter 类写文件，StreamReader 类读文件

读写字符串可以用 StreamReader 和 StreamWriter 类，文件以字符串为单位进行读写。

7.4.1 知识点

1. StreamWriter 类写文件

1）构造函数

streamWriter(string path,bool append)

path 是要写文件的路径。如果该文件存在，并且 append 为 false，该文件被改写；如果该文件存在，并且 append 为 true，则数据被追加到该文件中。

2）方　法

（1）void Writer(string value)：将字符串写入流。

（2）void Writer(char value)：将字符写入流。

2. StreamReader 类读文件

1）构造函数

StreamReader(String path)
path 是要读文件的路径。

2）方　法

int Read()：从流中读取一个字符，并使字符位置移动到下一个字符。

String ReadLine()：从流中读取一行字符串。行指的是两个换行符（"\n" 或 "\r\n"）之间的字符序列，但是返回的字符串不包含回车或换行符。

7.4.2　教学案例

【案例 7.3】　用 StreamWriter() 将字符串数据写入文本文件中，并用 StreamReader() 将刚才写入的数据按行的方式读出。

1. 写字符串到文件

程序源代码如下：

```
using System;
using System.IO;
class WriteFile
{
static void Main()
    {
StreamWriter w=new  StreamWriter("d://data.text",false);
    w.Write(200);            //200 首先转换为字符串，再写入
                             //字符串之间用换行符（"\n"或"\r\n"）分隔
    w.Write("200 个");         //可以写入中文
    w.Write("End of file");//一个字符串为文件中的一行
    w.Close();               //千万不要忘记关闭文件
    }
}
```

2. 从文件中读取字符串

程序源代码如下：

```
using System;
using System.IO;
using System.Collections.Generic;
class ReadFile
{
static void Main()
    {
string sLine="";
    List<string> arrText = new List<string>();
    using(StreamReader objReader= new StreamReader("data://g.text"))
     {
            do
          {
sLine=objReader.ReadLine();
               if(sLine!=null)
                 arrText.Add(sLine);
          }while(sLine!=null);
        }
 Console.WriteLine("文件的内容如下：");
              foreach(string m in arrText)
              Console.Write("{0}",m);
    }
}
```

7.4.3 案例练习

【**练习 7.3**】 使用 StreamWriter 类与 StreamReader 类的方法将一个字符串数组的文件内容按行写入一个文本文件中，然后再将其读出。

7.5 File 类与 FileInfo 类对文件的操作

7.5.1 知识点

1. 文件类 File 与 FileInfo 的概述

C#通过 File 和 FileInfo 类来创建、复制、删除、移动和打开文件。在 File 类中提供了一些静态方法，使用这些方法可以完成上述功能，但 File 类不能建立对象。FileInfo 类使用方法和 File 类基本相同，但 FileInfo 类能建立对象。在使用这两个类时需要引用 System.IO 命名空间。两个类的用法差不多，但是 FileInfo 是创建文件实例对象后完成操作，而 File 类是直接通过类的静态方法来完成对文件的操作的。

2. File 类的常用方法

（1）Copy(string SourceFilePath, string DestinationFilePath)

此方法用于将源文件的内容复制到位于指定路径的目标文件中。如果目标文件不存在，则会在指定的路径下使用指定的名称创建一个新文件。

（2）Create(string FilePath)

此方法用于使用指定的名称在指定的路径下创建文件。

（3）Delete(string FilePath)

此方法用于从指定的路径下删除文件。

（4）Exists(string FilePath)

此方法用于验证指定的路径下是否存在具有指定名称的文件。它返回一个 Boolean 值。

（5）Move(string SourceFilePath, string DestinationFilePath)

此方法用于将指定的文件从源位置移动到目标位置。

此外，File 类还有许多其他方法，用于实现对文件的操作。具体用法可参看该类相关帮助文档。

7.5.2　教学案例

【案例 7.4】　用 File 类的 Delete()方法删除指定目录下的文件。

程序源代码如下：

```
using System;
using System.IO;
class DeleteFile
{
static void Main()
    {
Console.WriteLine("请键入要删除文件的路径：");
        string path=Console.ReadLine();
        if(File.Exists(@path))
            File.Delete(@path);
        else
            Console.WriteLine("文件不存在！");
    }
}
```

【案例 7.5 】 用 File 的 Copy()方法对文件进行复制操作。

```
using System;
using System.IO;
class CopyFile
{
static void Main()
    {
   Console.WriteLine("请键入要拷贝的源文件的路径：");
          string path=Console.ReadLine();
         Console.WriteLine("请键入目文件的路径(包括文件名):");
          string path1=Console.ReadLine();
          if(File.Exists(@path))
       {
if(!File.Exists(@path1))
             File.Copy(@path, @path1, true);
         else
           Console.WriteLine("目的文件存在或目的路径非法！");
       }
      else
        Console.WriteLine("源文件不存在！");
    }
}
```

7.5.3 案例练习

【练习 7.4 】 在磁盘中创建一个文件 a.txt，然后向文件中写入数据。接着把文件移动到另一个目录下，并把该文件复制到另外一个文件 b.txt 中。

7.6 Directory 类与 DirectoryInfo 类目录操作

7.6.1 知识点

1. 目录类概述

C#中通过 Directory 类来创建、复制、删除、移动文件夹。在 Directory 类中提供了一些静态方法，使用这些方法可以完成上述功能。Directory 类不能建立对象。DirectoryInfo 类的使用方法和 Directory 类基本相同，但 DirectoryInfo 类能建立对象。在使用这两个类时需要引用 System.IO 命名空间。

2. Directory 类的方法（表 7.3）

表 7.3　Directory 类的方法

方　法	使用说明
DirectoryInfo CreateDirectory(string s)	创建参数指定路径中所有目录和子目录
void Delete(string path)	删除参数指定目录
bool Exists(string path)	检查参数指定路径下的文件夹是否存在，若存在，返回 true
string GetCurrentDirectory()	获取应用程序的当前工作目录
string[] GetDirectories(string s)	返回字符串数组，记录参数指定的文件夹中所有子文件夹名称
string GetDirectoryRoot(string s)	返回参数指定路径的卷信息、根信息的字符串
string[] GetFiles(string s)	返回字符串数组，记录指定文件夹中所有文件名称
string[] GetFileSystemEntries(string s)	返回指定目录中所有文件和子目录名称
string[] GetLogicalDrives()	返回字符串数组记录计算机所有驱动器名称，如 A:、C:
DirectoryInfo GetParent(string s)	返回参数指定路径的父文件夹
void Move(String s1, String s2)	将参数指定文件或文件夹及包含的文件、子文件夹移动到新位置
void SetCurrentDirectory(string s)	将参数指定目录设置为应用程序当前工作目录
GetCreationTime() GetLastWriteTime() GetLastAccessTime() SetCreationTime() SetLastAccessTime SetLastWriteTime	分别是获取目录创建时间，获取最后修改时间，获取最后访问时间，设置文件创建时间，设置目录最后访问时间，设置最后修改时间

下面对个别方法进行进一步说明：

➤ CreateDirectory

```
Public static DirectoryInfo CreateDirectory(string path);
```

在参数 path 指定的路径下创建所有目录及其子目录。如果该目标存在或参数 path 指定的目录格式不正确，将引发异常。

➤ Delete

```
Public static void  Delete(string Path,bool recursive);
```

删除参数 path 指定路径下的目录及其内容。方法中的第二个参数为 bool 类型，如果值为 true，可以删除非空目录；若为 false，则仅当目录为空时才可删除。

➤ Exists

```
bool  Exists(string Path);
```

检查给定的路径是否指向现有的目录。

➤ GetCurrentDirectory

```
String  GetCurrentDirectory();
```

获取应用程序的当前工作目录。

➢ Move

　　void　Move(stringSourceDirName,stringDestDirName);

将目录及其内容移动到一个新的路径。如果目标目录已经存在，或者路径格式不正确，将引发异常。

7.6.2　教学案例

【案例 7.6】　按照用户输入的目录，判断正确性后在磁盘上创建目录。

程序源代码如下：

```
using System;
using System.IO;
class CreateFileDirectory
{   static void Main()
    {   Console.WriteLine("请键入要创建目录路径：");
        string path=Console.ReadLine();
        if(!Directory.Exists(@path))
            Directory.CreateDirectory(@path);
        else
            Console.WriteLine("目录已存在或目录非法！");
    }
}
```

【案例 7.7】　删除用户指定目录。用户通过键盘输入目录，判断正确性后删除该目录。

程序源代码如下：

```
using System;
using System.IO;
class DeleteFile
{   static void Main()
    {   Console.WriteLine("请键入要删除目录的路径:");
        string path=Console.ReadLine();
        if(Directory.Exists(@path))
            Directory.Delete(@path);
        else
            Console.WriteLine("目录不存在或目录非法！");
    }
}
```

【案例 7.8】　用 Directory 的 Move 方法可以在同一个逻辑盘中移动目录，但是在不同的逻辑盘之间不能用该方法完成。这时用 DirectoeyInfo 的 MoveTo 方法可以实现。请用两种方法实现目录的移动。

程序源代码如下：

```
using System;
using System.IO;
class DeleteFile
{
static void Main()
    {
Console.WriteLine("请键入要移动源目录的路径:");
        string path=Console.ReadLine();
        Console.WriteLine ("请键入要移动的目的目录的路径:");
        string path1=Console.ReadLine();
        if(Directory.Exists(@path))
{
if(!Directory.Exists(@path1))
    {
DirectoryInfo dir=new DirectoryInfo(@path);
        dir.MoveTo(@path1);
        //Directory.Move(@path,@path1); //如2个目录在
    }              //同一磁盘，可用被注解语句替换前2句
    else
        Console.WriteLine("目的目录已存在！");
 }
else
    Console.WriteLine("源目录不存在！");
 }
}
```

7.6.3 案例练习

【练习 7.5】 使用 Directory 或 DirectoryInfo 的方法，实现目录的创建、删除、移动、获取子目录等操作。

【本章小结】

本章主要介绍了在 System.IO 命名空间下的流类、文件类与目录类的属性与方法。通过对本章的学习，学生应学会 Stream 类实现对文件内容的写操作与读操作，用 File 类或 FileInfo 类实现文件的创建、删除、复制、移动等操作，用 Directory 类或 DirectoryInfo 类实现目录的创建、删除、移动等操作，并在实际应用中结合文件操作类控件灵活应用。

【课后习题】

1. 选择题

（1）Directory 类的下列方法中，（　　　）可用于获取文件夹中的文件。

　　A. Exists()　　　　　　　　　B. GetFiles()

　　C. GetDirectories()　　　　　D. CreateDirectory()

（2）StreamWriter 对象的下列方法中，（　　　）可用于向文件写入一行带回车和换行的文本。

　　A. WriteLine()　　B. Write()　　C. WriteEnd()　　D. Read()

（3）StreamReader 对象的下列方法中，（　　　）可用于读取当前文件中的一行数据。

　　A. Read()　　B. ReadToEnd()　　C. ReadLine()　　D. ReadBlock()

（4）FileStream 对象创建文件时，FileMode 类的下列方法中，（　　　）会将原来的文件覆盖。

　　A. Append　　　B. Create　　C. CreateNew　　D. OpenOrCreate

2. 操作题

创建一个应用程序，用于实现数据的读/写操作。要求将在文本框中写入的数据存入指定文件，并将指定文件中的内容读取到文本框中。

【上机实训】

在窗体中放置 1 个编辑控件，用于输入数据或文本；放置 2 个按钮控件，标题分别为"输入下一个"和"保存数据"。单击标题为"输入下一个"的按钮，记录本次输入的数，清空编辑框控件，准备输入下一个数；单击标题为"保存数据"的按钮，把输入的所有字节类数据存到文件中。再增加一个标题为"读文件"的按钮，单击该按钮，读入文件内容，在文本框中显示。最终效果如图 7.1 所示。

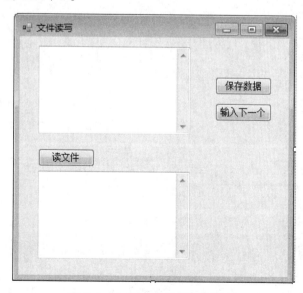

图 7.1　上机实训最终运行效果

参 考 文 献

[1]　微软公司. 基于 C#的 Windows 应用程序设计[M]. 北京：高等教育出版社，2004.

[2]　代方震. Visual C# 2005 程序设计从入门到精通[M]. 北京：人民邮电出版社，2007.

[3]　邵鹏鸣. C#面向对象程序设计[M]. 北京：清华大学出版社，2008.

[4]　刘甫迎，刘光会. C#程序设计教程[M]. 北京：电子工业出版社，2005.

[5]　耿肇英. C#应用程序设计教程[M]. 北京：人民邮电出版社，2009.

[6]　刘亚秋，梁心东，蒋力，等. C#程序设计与应用[M]. 北京：电子工业出版，2002.

[7]　王吴亮，李刚，等. Visual C#程序设计教程[M]. 北京：清华大学出版社，2003.

[8]　施燕妹，陈培，陈发吉. C#语言程序设计教程[M]. 北京：中国水利水电出版社，2004.